好美味、超详细、特简单

糕点、甜点制作大全

［日］川上文代 著　　唐晓艳 译

U0312084

河北科学技术出版社
·石家庄·

前　言

　　本书用简单易懂的语言介绍了基础款糕点、甜点的制作，非常适合糕点初学者和想进一步精进厨艺的人士阅读。

　　相比同系列的《西式糕点制作大全》和《最详尽的甜点基本功教科书》，本书为了更全面详实地介绍糕点制作，每一款糕点都搭配了数十张图片和解说。这样在实际的操作中，可以一边观察实际状态，一边对照图片，确保万无一失。

　　尤其是初学者在制作过程中会有很多懊恼或困惑，比如"忘记提前放到室温下了""到底搅拌到什么程度呢"等。糕点制作最重要的五大关键就是准备、称量、步骤、搅拌、观察。首先要做好准备工作，再严格遵循

制作步骤，制作时一定要仔细阅读本书上的图片和解说。而且，本书还详细记录了各种制作过程中的小窍门，比如简单提升口感的窍门、避免常见制作失败的窍门等，将这些窍门一一掌握便可不断提升制作技艺。

如果一款糕点您已经做得很熟练了，也可以加点自己的创意制作出独一无二的糕点。本书还在基础款糕点的基础上做了相应改良，可供您制作创意糕点时参考。

如果能让购买此书的人感受到制作美味糕点时的喜悦之情，那可真是我的无上荣幸了。

川上文代

目　录

第 2 章

人气糕点、甜点

第 3 章

常见糕点、甜点

第 4 章

简单糕点、甜点

了解乳制品…148

关于本书
- 材料中表示的 1 杯 =200mL、1 大勺 =15mL、1 小勺 =5mL。
- 烤箱不同，型号性能也各有差异，需要根据实际情况调整烤制时间。
- 所用鸡蛋如果没有特别标注，均使用 M 号（重量在 58～64g 之间，去壳后约 50g）。黄油使用无盐黄油。
- 各个食谱中标注的所需时间都是大概时间。食材的状态、气候等都会影响所需时间。
- 难易度用★表示。★…初级、★★…中级、★★★…高级。
- 本书使用的利口酒有以下几款：
　柑曼怡力娇酒、君度甜橙酒（橘味利口酒）、咖啡利口酒、草莓利口酒。

日文版图书制作人员（均为日籍）：
图片摄影：大内光弘
设计：中村玉男
插图：菊池理惠（软设计）
编辑、制作：BABOON 株式会社（矢作美和、古里文香、长绳智惠、宫毛麻奈美）
糕点制作助理：结城寿美江、鸟海璃衣子
商品合作：株式会社 池商（P8～P10）、CUOCA PLANNING Co., Ltd.

第 1 章

糕点制作基础

制作糕点的道具

面粉过筛、搅拌、揉面……制作糕点有各种繁杂的步骤，最关键的是要提高制作效率，为此，我们需要使用合适的工具以达到事半功倍的效果。

托盘

用途 / 分开存放计量好的原料，泡发吉利丁片或琼脂等。

挑选 / 最好选择不锈钢材质或铝质材质。如果用于甜甜圈之类的油炸物沥油时，需要配合专用的万用网筛。备齐不同规格的托盘更方便。

碗

用途 / 计量、混合蛋糕糊和奶油，隔水加热、冷却等。

挑选 / 不锈钢材质具有强耐热、易冷却的特点，非常便于使用。耐热玻璃材质也很好用。最好备齐不同规格的碗。

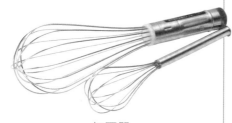

打蛋器

用途 / 用于搅拌面坯或打发奶油。

挑选 / 线条数量多的打蛋器适合打发奶油；线条数量少的打蛋器适合搅拌质地较硬的面糊。最好选择材质结实坚硬的。

粉筛

用途 / 可用来筛滤面粉、泡打粉等粉类的器具。

挑选 / 可以单手操作的款式更便于使用。有手持粉筛和电动粉筛两种。

木铲、硅胶铲

用途 / 用于面糊、奶油的搅拌、熬煮、过滤等。

挑选 / 前端较宽大的木铲适合过滤时使用。硅胶铲的柄和铲都是一体的，所以最好选择耐热性能较佳的产品。

擀面杖

用途 / 用于擀平曲奇坯、派皮等。

挑选 / 擀面杖选择不易粘面坯的木质款，直径4cm、长40～50cm的最佳。

锅

用途 / 用于制作奶油、酱汁，隔水加热等。

挑选 / 最好选择直径 15 ~ 21cm 的锅。推荐优选不锈钢锅。

锥形网筛、万用网筛

用途 / 用于过筛低筋面粉、砂糖等粉状物，过滤液体。

挑选 / 万用网筛（右）最好选择带挂钩的，可固定在碗边。锥形网筛（左）要选择网眼细密的款式。

毛刷

用途 / 用于清除水果上的污渍，涂刷糖浆等。

挑选 / 可结合用途和喜好选择山羊毛、马毛、尼龙等不同材质和硬度的刷子。

刮板

用途 / 用于搅拌原料、刮净粘在盆壁上的原料。

挑选 / 先试用再结合使用习惯选择硬度和柔韧性合适的刮板。耐热性能佳的刮板可用于搅拌高温的原料、拿取刚烤好的饼干等。

抹刀

用途 / 用于抹平奶油或面糊，托取蛋糕。

挑选 / 刃长 15 ~ 20cm 的最佳。L 形抹刀可用于托取分切好的蛋糕。

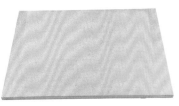

案板

用途 / 用于擀开饼干面团、派皮，或为它们整形等。

挑选 / 选择 45cm×60cm 的更便于使用。使用后需洗净污垢再晾干。

裱花袋、裱花嘴

用途 / 用于挤奶油或面坯。

挑选 / 裱花袋最好选用可清洗、可重复使用的耐高温款。裱花嘴主要有圆形和扁口形，可根据需要选购。

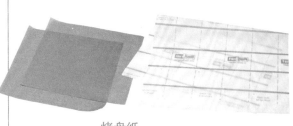

烤盘纸

用途 / 用于制作模具垫纸、裱花袋，铺在烤盘上等。

挑选 / 烤盘纸的材质和种类繁多，可根据用途采购。如果铺在烤盘上，建议选用可清洗、重复使用的款式。

糕点制作基础

必须掌握的基础动作

计量方法、搅拌方法等基础动作如果出现差错，即使按照食谱步骤操作也做不出完美的糕点。牢牢掌握每一个基础动作，才能达到事半功倍的效果。

计量

关键是要会使用量勺、电子秤、量杯精准计量。

使用量勺

计量液体时，1大勺、1小勺表示液体表面因为张力稍微突出的状态；1/2勺就是约达到勺子6分满的状态。计量粉类时，需刮平表面再计量。

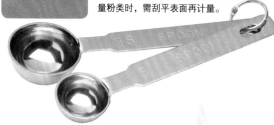

制作糕点坯时，如果砂糖用量偏少可能会导致面坯过硬或过稀。计量失误不仅会影响口味，还会导致最终制作效果。一般涉及重量的用电子秤计量，涉及容量的用量杯计量，量少的情况下可以使用量勺。

计量粉类

用量勺舀满，然后刮平表面去掉多余的粉类。如果没有专门的铲子，可以用勺子柄替代。

计量粉类	
1大勺 1小勺	1/2

计量液体	
1大勺 1小勺	1/2

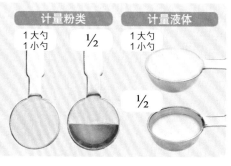

使用电子秤

电子秤显示克重更加直观，计量也更精准。可以将材料倒入容器内再计量，也可以倒到纸上计量。

使用量杯

选用耐热玻璃材质，便于看清材料也更方便计量。制作糕点时一般需准备500mL和200mL规格的量杯。

刻度归零后再计量

材料需倒入容器计量时，要先将容器置于电子秤上，待电子秤刻度归零后再将材料倒入容器内。

电子秤用按钮操作，弹簧秤可手动调节刻度。

从水平方向观察刻度

将量杯放置在平整的台面上再计量。

如果从侧面看液体容量，看上去会多于实际容量。最好将材料倒入量杯后，再从上方和水平方向观察刻度。

搅拌

可不是简单的画圈式搅拌。

把材料混合到一起，或向糕点糊加入粉类时，都需要搅拌。不同场景下，搅拌方式也不相同。最基本的搅拌方法就是用打蛋器或硅胶铲按逆时针方向在碗内搅拌。同时也要牢记不同场景下搅拌工具的正确选用。

检查正确与否！

使用打蛋器搅拌

搅打奶油、蛋白时主要使用打蛋器。打蛋器可以最大范围地快速搅拌，但是往蛋糕糊内加入蛋白霜时就不适合使用打蛋器了，否则很容易导致蛋白霜消泡。

使用硅胶铲搅拌

可以用硅胶铲沿着碗底翻拌，也可以像碾碎材料似的压拌。如果需要搅拌加热的酱汁，必须选用耐热硅胶铲。

不同场景下的搅拌方法

翻拌

混合打发蛋白霜与面糊时，用硅胶铲沿着碗底翻拌，手法要轻柔。

切拌

向打发的黄油内混入低筋面粉等粉类时，用手立着握住硅胶铲由远及近切拌。

搅打

搅拌砂糖和蛋黄这类水分含量低的材料时，用打蛋器沿着碗壁快速搅拌。

压拌

在搅拌质地稍硬的面坯或黄油时，如果用打蛋器，材料很容易粘上，这时可以使用硅胶铲按压式搅拌。

搅拌至蓬松

制作慕斯面糊等质地较为蓬松的面糊时，需要用打蛋器快速搅打，直到提起打蛋器面糊出现尖角。

质地硬不易搅拌

搅拌黄油、奶油奶酪等质地较硬的材料时，需要用手握住打蛋器的手柄，从上往下压住了搅拌。

打发

如果打发不充分会导致糕点的口感和外观变差。

用打蛋器打发

打蛋器适宜选用尺寸比碗的直径稍长一些的。碗稍微倾斜，用一只手扶住，另一只手握住靠近打蛋器的手柄处，方便手腕能灵活搅拌。

确认打蛋器尺寸

将打蛋器放置碗沿上，稍微超过碗直径即可。

正确姿势

打发蛋液和鲜奶油是制作糕点的重要步骤。制作面糊时，如果打发不充分就会导致成品不够蓬松，相反，如果过度打发又会导致成品口感干巴巴的。为了避免制作失败，一定要确保打发到刚好的程度。

错误操作

如果握住手柄的头部，搅拌时就用不上力，没法充分搅拌，而且材料还会四处乱溅。

也不可以紧握手柄、使打蛋器立着搅拌。这样会搅拌不全面，而且手腕还很容易累。

1 由远及近大幅度搅拌

打发生奶油时，碗稍微倾斜并逆时针转动，然后打蛋器由远及近搅打。

2 手酸了再换另一只手

搅拌时，如果感觉手有点酸累了，可以换另一只手搅打，动作相同。搅打幅度要大，速度要快。搅打幅

用电动打蛋器打发

电动打蛋器的优点是可以提高工作效率，减轻手臂疲劳。一般的打发顺序是，开始时用低速整体充分搅拌，中途开始用高速，最后再改用低速。

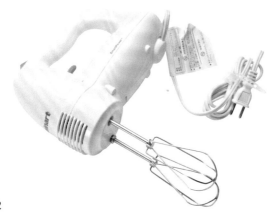

1 开始时低速

制作蛋白霜时，用一只手扶住碗，碗边稍微倾斜。把电动打蛋器调至低速搅拌。

2 缓缓转动碗

电动打蛋器调至高速，搅打至蛋白呈白色泡沫时，开始逆时针缓慢转动碗至充分搅打均匀。

裱花

要想挤出来漂亮的裱花需要掌握一些技巧。

裱花袋的用法

1 装上裱花嘴

首先确认裱花袋的内侧是干净的，然后打开裱花袋，放入裱花嘴，并从裱花袋前端挤出。

2 旋转固定住

将裱花嘴固定到裱花袋的前端，然后在裱花嘴上方拧一下，将裱花袋塞入裱花嘴内，这样奶油就不会流出来了。

3 装入面糊或奶油

将裱花袋放入量杯或带手柄的大杯内，裱花袋翻折过去，装入面糊。注意面糊不要装太满，否则会从袋口溢出。

4 排出空气

将裱花袋从杯子里取出放到操作台上，轻轻按压袋口，再用刮板从袋口往裱花嘴方向刮平，这样可以排出多余的空气。

在挤出装饰蛋糕的奶油或制作泡芙的面糊时，如果技术不佳，会影响糕点成品的外观。所以，我们要掌握正确使用裱花袋和裱花嘴的技巧。多练习，等熟练掌握了就好了。

POINT

奶油较硬时

如果面糊或奶油因过度冷藏变硬后无法顺利挤出，这时可以往裱花袋上铺一条热毛巾，等面糊或奶油质地变软后再挤。

裱花袋的使用方法

1

用右手紧握住裱花袋的袋口处，再用左手拇指和食指捏住裱花袋的前端，拧出刚才塞入裱花嘴的部分。

2

裱花嘴朝上，左手捏住能固定裱花嘴的位置。这是裱花的基本姿势。

3

右手轻轻用力挤出面糊。这时，左手只需稍微辅助即可。挤完后，用裱花嘴画圆式地梳理一下面糊或奶油，然后迅速抬起裱花嘴。

基础奶油和酱汁

如果能记住经常使用的奶油、酱汁的配方和做法，就可以提高制作效率。掌握了搅打基础款奶油的方法后，只需往里面加点可可粉，就能轻松变成一款新奶油了。

打发奶油

装饰蛋糕必不可少的绵软奶油。

材料（约350g）

鲜奶油…250mL
细砂糖…25g

不可过度打发

奶油过度打发的话会导致水油分离，制作出的糕点口感干巴巴的。搅打完成后，如果放置室温下奶油会变得松弛，所以要放入冰箱冷藏。

1 把小碗放入加有冰水的大碗内，然后再加入鲜奶油和细砂糖。鲜奶油需在5℃以下的状态搅打。

2 可以使用电动打蛋器或手动打蛋器搅打。小碗稍微倾斜，使用电动打蛋器搅打的情况下，刚开始用低速然后再调至高速。

不同的奶油状态和用途

6分打发	7分打发	8分打发	9分打发
质地光滑的状态。奶油会从打蛋器上流下来。	稍微浓一些的状态。奶油会慢慢地从打蛋器上流下来。	奶油会粘在打蛋器上。尖角还很柔软。	奶油呈固体状，尖角呈直立状态。

最适合涂抹

涂抹装饰蛋糕时，最好选用7分打发的奶油。这样可以将奶油均匀涂满蛋糕。

先取适量奶油放到蛋糕中央，然后再涂满整体。

最适合裱花

装饰蛋糕时，奶油最好是8~9分打发。这时的奶油呈固体状，可以挤出想要的形状。

挤出的奶油形状不会塌陷，非常规整。

卡仕达奶油

被称为"糕点师奶油"的经典款奶油。

1　纵向剪开香草荚。将牛奶、香草荚和香草籽放入锅内，用小火加热。

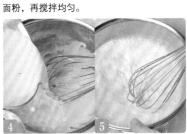

2　3　碗内放入蛋黄和细砂糖，搅拌均匀，然后加入面粉，再搅拌均匀。

4　5　将步骤1加热好的牛奶一点点加入碗内，并用打蛋器搅打均匀。

6　再用锥形网筛或万用网筛过滤到锅内。过滤掉香草荚，香草籽可保留。

7　一边用打蛋器搅拌，一边用中火加热。待奶油呈黏稠状时，改用小火加热。

8　然后用硅胶铲刮净粘在碗壁的奶油，用小火加热保持轻微沸腾1分钟，直到粉类完全熟透。

材料（约325g）

蛋黄…60g（3个）
细砂糖…75g
低筋面粉…25g
牛奶…250mL
香草荚…1/4根

完成后

倒入碗内，封上保鲜膜，再放入冰水内冷却。

如果密封不严，蒸发出来的水滴会滴落到奶油内，导致奶油变松垮。

卡仕达奶油
+
黄油

慕斯琳奶油

增加了黄油的香气和醇厚，口感更细滑。黄油需放置室温后再使用。

1　将300g卡仕达奶油和175g黄油放入碗内。

2　用硅胶铲充分搅拌，搅拌至光滑即可。

卡仕达奶油
+
吉利丁、蛋白霜

吉布斯特奶油

口感像慕斯一样松软。制作关键是要趁奶油温热时就充分搅拌。

1　向325g卡仕达奶油内加入7.5g泡发好的吉利丁片。

2　充分搅拌后，再加入100g蛋白霜，搅拌时注意不要消泡。

英式奶油酱

芳香浓醇、卡仕达风味的奶油酱，与蛋糕是最佳拍档。

材料（约300g）

香草荚…1/2 根
牛奶…250mL
蛋黄…40g（2 个）
细砂糖…60g

适合以下糕点

巴伐利亚蛋糕和巧克力蛋糕加上适量英式奶油酱，吃起来味道更加温润。

将纵向剪开的香草荚、香草籽和牛奶放入锅内，开小火加热。

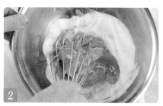

碗内放入蛋黄、细砂糖，用打蛋器搅打均匀。

将①倒入②内，快速搅拌，再倒入锅内。一边搅拌一边用中火加热。

加热至83～84℃，等蛋黄熟透后用锥形网筛过滤再迅速冷却。

柠檬奶油

散发着清新气息的奶油。非常适合搭配甜味较浓的糕点。

材料（约300g）

柠檬…1/2 个
鸡蛋…150g（3 个）
细砂糖…45g
黄油…50g

适合以下糕点

适合制作派、塔、蛋糕卷等糕点。因为这款奶油清新爽口，即使大量抹上也不会腻口。

洗净柠檬，将柠檬皮擦丝，再用榨汁器挤出柠檬汁，去掉籽。

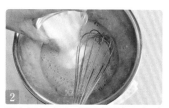

碗内打入鸡蛋，搅拌好后加入细砂糖、①的柠檬皮和柠檬汁，搅拌均匀。

倒入锅内，一边搅拌一边用小火加热。加入黄油，等变黏稠后关火。

倒入碗内。用保鲜膜密封，再将碗放入装有冷水的大碗内冷却。

杏仁奶油

这是一款散发着浓郁杏仁香味的奶油。

材料（约200g）

黄油…50g
细砂糖…50g
鸡蛋…50g（1 个）
杏仁粉…50g

适合以下糕点

适合制作派、塔、千层酥等口感酥脆的糕点，这样更能突出奶油香味。

黄油提前放置室温下。碗内放入黄油，用打蛋器搅打至光滑细腻的状态。

细砂糖分多次加入，每加入一次细砂糖都需要充分搅拌至颜色发白。

多次少量加入放置室温下的蛋液，搅拌至乳化状态。

鸡蛋全部混合均匀后，加入杏仁粉，然后搅拌均匀即可。

黄油奶油

入口即化、香气浓郁的奶油非常适合装饰糕点。

意式蛋白霜式

一款用意式蛋白霜制作而成的、质地蓬松的奶油。放入冰箱冷藏可保存 2～3 周。

材料（约375g）

蛋白霜
 ┌ 蛋白…50g
 └ 细砂糖…10g
水…30mL
细砂糖…90g
黄油…225g

打发制作蛋白霜的材料。将水和细砂糖加热至 117℃，然后加入蛋白霜内搅拌均匀。

待温度降至与室温相仿后，继续用打蛋器打发。然后再加入提前放置室温下软化的黄油。

炸弹面糊（蛋黄霜）式

一款加入大量蛋黄的浓醇奶油。这款奶油有一定的硬度，非常适合搭配味道浓郁的蛋糕。

材料（约365g）

蛋黄…60g（3 个）
水…30mL
细砂糖…90g
黄油…225g

将蛋黄、水、细砂糖放入碗内，然后再将碗放入 90℃ 的热水内，一边隔水加热一边搅拌。

等蛋黄熟透后，搅拌至蓬松再放入室温下冷却。最后再加入提前放置室温下软化的黄油。

英式奶油酱式

这是一款在英式奶油酱（P16）基础上改良而成的奶油。入口即化，味道浓醇。

材料（约475g）

黄油…175g
英式奶油酱…300g
（材料和做法请参照 P16）

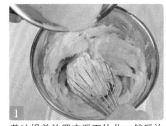

黄油提前放置室温下软化，然后放入碗内搅打至光滑，再加入少量英式奶油酱。

用打蛋器充分搅拌均匀，然后再加入少量英式奶油酱，重复此步骤直至全部搅拌至光滑。

装饰的基础

糕点制作的最后一个关键步骤就是装饰，可以抹上奶油、装饰上水果。装饰不仅是为了外观漂亮，还需要考虑食用方便。

蛋糕装饰

只要掌握了蛋糕裱花的基本技巧，就可以举一反三啦。

装饰流程

① 切海绵蛋糕 → ② 涂抹奶油 → ③ 装饰水果

① 切海绵蛋糕的技巧

均等分切

海绵蛋糕烤好后，需要借助切片器（木棒或者金属棒等辅助切片的工具）分切均等。

切到最后要旋转蛋糕

蛋糕切到最后部分时容易移动，还容易碎掉，因此要一边旋转海绵蛋糕一边切，这样才能切得更完美。

② 涂抹奶油的技巧

调整蛋糕高度

在蛋糕切面上涂上酒糖浆（P19），用抹刀均匀抹上奶油。然后再将两片蛋糕重叠放置，轻轻按压，保证整体平整。

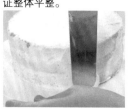

使用裱花台

涂抹侧面时，旋转裱花台，抹刀贴住蛋糕呈直角。涂抹上面时，抹刀与蛋糕平行贴住。

③ 装饰水果的技巧

画出等分线

为了等分切割，可以用抹刀在奶油表面轻轻压出印迹。这样也便于装饰更均衡。

摆放均匀

如果蛋糕中间需要夹水果，切水果时一定要保持厚度一致，避开中心摆上一圈。

什么是酒糖浆？

海绵蛋糕在涂抹奶油前，要先在蛋糕切面处刷上酒糖浆（加入洋酒的糖浆）。加入洋酒*的糖浆渗入蛋糕后，会令蛋糕口感更湿润，风味也更丰富。做好的酒糖浆一定要等彻底冷却后再使用。如果趁热将酒糖浆涂抹到蛋糕上，接下来再抹奶油时会造成奶油融化、变形，这也是制作失败的一大原因。

将水与细砂糖按照3∶1的比例放入锅内，开中火加热，等细砂糖彻底融化后关火。

将糖水倒入小碗内，再将小碗放入冰水内冷却。

往 2 内加入喜欢的洋酒。然后用毛刷蘸上糖浆涂满蛋糕切面。

派、塔的装饰

在水果表面涂上一层镜面果胶（参照P32），可以增加宝石般诱人的光泽，让糕点卖相更佳。

用水果打造立体感
因为塔和派的坯子都比较扁平，所以装饰时可以把水果切成大块，多花心思重叠摆放，让塔和派看上去更立体。

涂上镜面果胶
锅内放入果胶和水，煮至融化后涂在水果表面增强光泽感。不宜涂得太厚，否则看上去很厚重，而且味道过甜，只需薄薄涂一层即可。

果冻装饰

果冻可以分层放在深一些的玻璃杯内，也可以放入浅口玻璃杯后再装饰表面，最好呈现出色彩艳丽的感觉。

切成小块
如果是质地偏硬的果冻，可以先切成小块再装入玻璃杯内，大小以便于用小勺挖着吃为宜。

打造清爽感
如果要突出果冻的清凉感，推荐装饰上薄荷叶或细叶芹等香草。食用时，果冻散发出阵阵清新的气息，而且绿色的点缀也让果冻更加鲜活。

---

* 指起源于欧美的酒，如白兰地、朗姆酒等。更多内容请见P128。

糕点面团的种类

基础材料就是黄油、低筋面粉、鸡蛋、砂糖等,不同的配比可以制作出各种糕点的面团。打发方法和搅拌方法也各有差异,下面详细介绍一下。

海绵蛋糕
制作蛋糕最基础的坯子

基础材料就是鸡蛋、低筋面粉、细砂糖。用不同的鸡蛋打发方法,可以做出口感完全不同的蛋糕坯。

海绵蛋糕分为两大类

杰诺瓦士海绵蛋糕(全蛋打发)

鸡蛋直接全蛋打发。可以打出非常细腻的气泡,做出的蛋糕非常润泽柔软。基础材料中还加入了黄油,增加了蛋糕的醇香。

比斯吉海绵蛋糕(分蛋打发)

鸡蛋的蛋清与蛋黄分别打发后,再搅拌到一起。因为分开打发可以产生非常多结实的气泡,做出的蛋糕非常蓬松、轻盈。适合制作提拉米苏和达克瓦兹。

派皮
层次分明的糕点面团

派皮分两种:一种是将面团和好后抹上黄油,反复折叠做成的折叠式派皮;另一种是把所有材料和成面团做成的快手版派皮。二者口感都很酥脆,但前者层次更分明。

塔皮
口感松脆的糕点面团

具有独特的松脆口感。加入粉类后,如果搅拌过度会变硬,搅拌不足会易碎,因此一定要适度搅拌。

泡芙皮
质地蓬松、小巧玲珑

基础材料有低筋面粉、鸡蛋、黄油、水。低筋面粉加热熟透后加入蛋液,搅拌均匀即可。有时也会像制作巧克力泡芙那样需要加入适量牛奶。

曲奇坯
加入大量黄油,口感酥软

基础材料只有低筋面粉、细砂糖、鸡蛋、黄油。材料经过不同配比后,可以利用模具、裱花袋或冷冻后刀切,做出各种曲奇。

第2章

人气糕点、甜点

认识砂糖

砂糖作为制作甜味糕点的主要材料，有很多种类。

糕点的温润口感和漂亮成色都离不开砂糖

糕点制作中，砂糖的主要作用就是增加甜味，但在产生诱人香气和上色方面也功不可没。这是因为面粉中的氨基酸与砂糖一起加热发生了"美拉德反应"。此外，砂糖可以锁住水分，加入砂糖后，糕点经过烤制仍能保留很多水分，这样做好的糕点才绵软湿润，不至于干巴巴的。

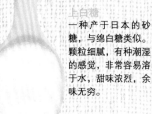

上白糖

一种产于日本的砂糖，与绵白糖类似。颗粒细腻，有种潮湿的感觉，非常容易溶于水，甜味浓烈，余味无穷。

细砂糖

由100%蔗糖（主要甜味成分）构成，甜味纯正无杂味。泛着晶莹剔透的光泽，糕点制作中最常用的一款砂糖。

糖粉

细砂糖磨成粉状后就成了糖粉，也叫粉糖或糖霜。常用于装饰糕点，一般是筛到糕点上。

三温糖

一种产于日本的砂糖，颜色是微褐色，质感与绵白糖类似，比较潮湿。精制过程中，由于加热产生了焦糖，因此香味醇厚、甜味浓郁。常用于制作日式点心。

砂糖不仅提供甜味，对风味和口感也至关重要

虽然统称都是"砂糖"，但是根据加工工艺和原料的不同可分为很多种。在糕点材料专柜摆满了平时不常见到的砂糖。不同的砂糖各具特色，有的香味醇厚，有的加热不易溶化，因此，使用不同的砂糖做出来的糕点，口感也会不尽相同。加入罕见的砂糖可以体会糕点微妙的味道差异，探寻自己喜欢的甜味也正是糕点制作的乐趣所在。

珍珠糖

不易溶化，即使经过烤制仍很坚硬。食用时，可以体验到嘎嘣嘎嘣的感觉。

果糖

正如其名，水果中含有的一种糖。甜度比上白糖强1.5倍，但口感却更清淡。

槭糖

糖槭树干引流出的液体蒸发浓缩成槭糖浆，最后再去除水分后就成了槭糖。

粗糖

用100%甘蔗制作而成未经过精加工的法国砂糖。相当于日本的"红砂糖"。

转化糖

蔗糖（甜味成分）分解成葡萄糖和果糖后的糊状砂糖。甜味比较强烈。

海藻糖

锁水性较强，可以让海绵蛋糕保持更长久的湿润感和绵软感。

Roll Cake

蛋糕卷

裹满奶油的基础款蛋糕卷。

蛋糕卷

材料（1根长30cm的蛋糕卷）

海绵蛋糕的材料
- 低筋面粉…90g
- 鸡蛋…250g（5个）
- 细砂糖…90g
- 牛奶…20mL
- 黄油…20g

搅打奶油的材料
- 鲜奶油…200mL
- 细砂糖…30g

必备工具

锅／碗／打蛋器／电动打蛋器／硅胶铲／刮板／万用网筛／尺子／剪刀／烤箱／烤盘／烤盘纸／蛋糕刀／抹刀／布／订书机／橡皮筋／厚纸／温度计

所需时间

90分钟

难易度

★★☆

※ 不包括冷却时间。

制作盛装海绵蛋糕面糊的纸质模具
（10分钟）

10分钟

制作盛装海绵蛋糕面糊的纸质模具

1

2

3

4

5

6

制作海绵蛋糕

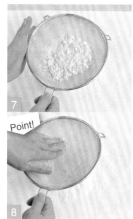

7

Point!

8

Point!

9

10

11

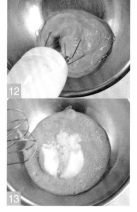

12

13

1～**2** 将烤盘纸裁剪成36cm×46cm的长方形，四周折出3cm宽的边。

3～**4** 沿着其中一角的折痕处剪开，然后像上图那样立起来，做成箱子形。

5 用订书机固定四个角。

6 纸质模具最终完成的样子。

7～**8** 低筋面粉用万用网筛过筛。

Point! 要充分筛净粘在网筛上的面粉。

如果不充分筛净所有的面粉，会导致原料分量不足，影响制作效果。

9 将鸡蛋打入碗中。

Point! 鸡蛋最好逐一打到小碗里，再倒入大碗里。

10 黄油隔水加热至熔化。

11～**13** 将步骤**9**的鸡蛋搅打均匀后，将碗放入60℃的热水中，再用电动打蛋器轻轻搅打，加入白砂糖。等蛋

※ 开始预热烤箱至185℃。

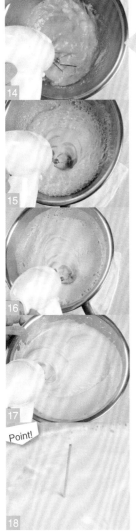

Point!

何时结束隔水加热？

如果隔水加热至鸡蛋充分打发后，这时蛋液温度较高会导致烤好的蛋糕纹路粗糙。所以当蛋液温度与体温差不多时就可以结束隔水加热了。

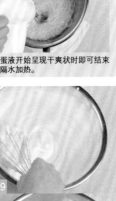

蛋液开始呈现干爽状时即可结束隔水加热。

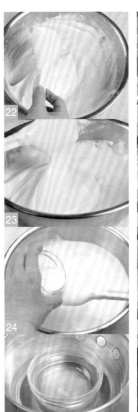

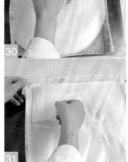

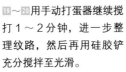

Point!

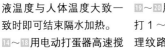

液温度与人体温度大致一致时即可结束隔水加热。

14～18 用电动打蛋器高速搅打蛋液与白砂糖约5分钟。搅打至像步骤 17 那样整体泛白时，改用低速，继续搅打至纹路细腻。

> Point! 拿一根牙签，插入1.5cm处，如果牙签能立住，说明打发完成。

19～20 用手动打蛋器继续搅打1～2分钟，进一步整理纹路，然后再用硅胶铲充分搅拌至光滑。

21 将低筋面粉全部撒入。

22～23 用硅胶铲搅拌约60次，需快速搅拌。如果过度搅拌会造成消泡。蛋糕坯会变硬。

24～26 将温度与人体体温相仿的牛奶和步骤 10 融化的黄油沿着硅胶铲缓缓倒入面糊中。

> Point! 如果一下子全部倒入，因为较重会导致黄油沉底。

27～28 倒入黄油后，大约再搅拌25次。

29～30 然后用硅胶铲将面糊倒入 6 中的纸质模具烤盘内。

31 用刮板将面糊刮平。然后端起烤盘，在离操作台约10cm的高度落下，如此反复2～3次，排出大气泡。

鲜奶油 9 分打发

放入 185℃的烤箱
烤 12 分钟。

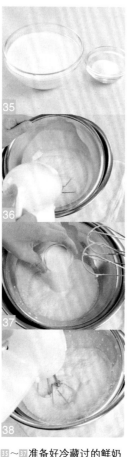

切去蛋糕的一个边

冷却时注意防止
蛋糕变干。

32 放入 185℃的烤箱烤 12 分钟。

33 烤好出炉后的状态。

34 为了防止蛋糕变干，盖上一层布，放在阴凉处冷却。

35 ～ 37 准备好冷藏过的鲜奶油和细砂糖。将鲜奶油倒入放在冰水里的碗内，用电动打蛋器低速轻轻搅拌，加入细砂糖。

38 电动打蛋器调至高速，打发奶油。

39 ～ 41 一边转动碗，一边打发，搅打至 9 分打发（提起打蛋器奶油粘在上面不掉下来的状态）。把奶油聚集到碗中央，然后放到冰箱内保存。

Point! 注意不要过度打发，否则会导致水油分离。

42 往蛋糕上铺一张大一圈的厚纸，翻面。

43 蛋糕翻过面后的状态。

44 ～ 45 撕下烤盘纸，然后再盖上一层比蛋糕大一圈的厚纸。

46 再次翻面。

47 为了让蛋糕卷最后卷起来更平整，需要将蛋糕右端用刀斜向自己切掉一边。

将海绵蛋糕涂满奶油后卷起来

Point!

防止奶油溢出

涂抹奶油时，不要涂满，下面留出2cm，左右留出3cm。

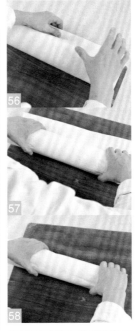

Point!

卷完后用尺子整形

卷完一圈后，将尺子放在厚纸上，然后用力将蛋糕边缘处卷紧。

用尺子整形。

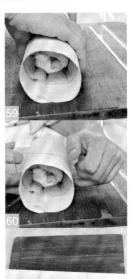

Point!

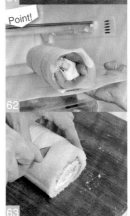

48 将步骤 41 的奶油倒至蛋糕坯的中央处。

Point! 如果奶油化了会流得到处都是，需确认奶油的硬度。

49～50 用抹刀将奶油涂抹均匀，四周留出空白。51 卷边处用刮板涂抹上薄薄一层奶油。

52 然后用刮板往步骤 47 蛋糕边的切口处抹上薄薄一层奶油。

53 将靠近自己一侧的厚纸提起来，卷蛋糕。

54 将蛋糕边往内侧卷起来，一边往前抽出厚纸一边卷蛋糕。

55 动作要快，要一次完成，否则奶油容易溢出来。

56～58 用厚纸紧紧卷住蛋糕卷。卷完后，用手轻轻按压整形。注意不要用力过猛，否则奶油会溢出来。

59～62 卷好后，为了防止厚纸变松，可以用橡皮筋将两端固定住。蛋糕卷边朝下放置，放入冰箱冷藏约60分钟。

Point! 放入冰箱冷藏可以调和味道。

63 去掉厚纸，用刀分切成宽3cm的小段。

27

水果蛋糕卷

种类丰富的水果与口感柔和的奶油完美搭配

材料（1根长30cm的蛋糕卷）

海绵蛋糕的材料
- 低筋面粉…70g
- 鸡蛋…250g（5个）
- 细砂糖…70g
- 牛奶…20mL
- 黄油…20g

外交官奶油的材料
- 糕点师奶油
  - 蛋黄…60g（3个）
  - 细砂糖…65g
  - 低筋面粉…20g
  - 牛奶…240mL
  - 香草荚…1/2根
- 鲜奶油…100mL

蓝莓、树莓、橙子等水果各适量
糖浆、樱桃白兰地…各10mL

搅打奶油的材料
- 鲜奶油…100mL
- 细砂糖…10g

必备工具

锅 / 碗 / 打蛋器 / 电动打蛋器 / 硅胶铲 / 刮板 / 万用网筛 / 尺子 / 剪刀 / 烤箱 / 烤盘 / 烤盘纸 / 蛋糕刀 / 菜刀 / 菜板 / 毛刷 / 抹刀 / 布 / 订书机 / 橡皮筋 / 厚纸 / 温度计

所需时间
175分钟

难易度
★★☆

※ 不包括冷却时间。

1~**3** 参照 P15 制作糕点师奶油，然后往里面加入10分打发的鲜奶油，做成外交官奶油。

4~**5** 参照 P24~P26 的方法烤制海绵蛋糕，然后用刷子往蛋糕表面刷上糖浆与樱桃白兰地的混合物。

6 将水果切成 2~3cm 的小块，沥干水分。

7 将外交官奶油涂满蛋糕，然后摆上水果。

8~**9** 参照 P27 将蛋糕卷成长条。

10 放入冰箱冷藏，充分冷却后去掉外面的厚纸。然后在蛋糕卷表面涂上9分打发的奶油。

提拉米苏风味的蛋糕卷

用可可粉 + 马斯卡彭芝士打造出人人喜爱的口味。

材料（1 根 30cm 长的蛋糕卷）

可可蛋糕的材料

- 低筋面粉…80g
- 可可粉…10g
- 鸡蛋…250g（5 个）
- 细砂糖…90g
- 牛奶…20mL
- 黄油…20g

马斯卡彭奶油的材料

- 蛋黄…20g（1 个）
- 细砂糖…10g
- 玛萨拉酒…20mL
  （可用白酒替代）
- 马斯卡彭芝士…100g
- 鲜奶油…80mL
- 蛋白霜
  - 蛋白…30g（1 个）
  - 细砂糖…10g

必备工具

锅 / 碗 / 打蛋器 / 电动打蛋器 / 硅胶铲 / 刮板 / 万用网筛 / 尺子 / 剪刀 / 烤箱 / 烤盘 / 烤盘纸 / 蛋糕刀 / 抹刀 / 布 / 订书机 / 橡皮筋 / 厚纸 / 温度计

所需时间
150 分钟

难易度
★★☆

※ 不包括冷却时间。

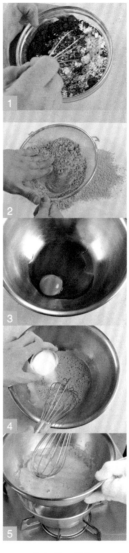

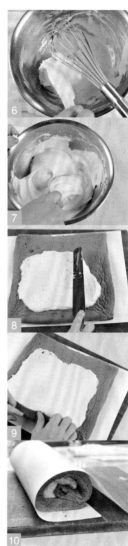

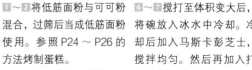

1～**2** 将低筋面粉与可可粉混合，过筛后当成低筋面粉使用。参照 P24 ～ P26 的方法烤制蛋糕。

3～**5** 将蛋黄、细砂糖、玛萨拉酒混合后隔热水加热，待蛋黄熟透后开始搅打。

6～**7** 搅打至体积变大后，将碗放入冰水中冷却。冷却后加入马斯卡彭芝士，搅拌均匀。然后再加入打发的鲜奶油和蛋白霜，搅拌至蓬松状态。

8～**10** 将马斯卡彭奶油涂抹到可可蛋糕上，再参照 P27 将蛋糕卷成长条。

菠菜蛋糕卷

加入大量菠菜和南瓜，充满自然气息的蛋糕卷。

材料（1根30cm长的蛋糕卷）

菠菜蛋糕的材料
- 低筋面粉…90g
- 鸡蛋…250g（5个）
- 细砂糖…90g
- 菠菜…80g
- 黄油…20g

南瓜奶油的材料
- 鲜奶油…200mL
- 细砂糖…20g
- 南瓜…75g

必备工具

锅 / 碗 / 打蛋器 / 电动打蛋器 / 硅胶铲 / 刮板 / 万用网筛 / 筛网 / 尺子 / 剪刀 / 烤箱 / 烤盘 / 烤盘纸 / 蛋糕刀 / 菜刀 / 菜板 / 抹刀 / 抹布 / 订书机 / 橡皮筋 / 厚纸 / 温度计

所需时间
150分钟

难易度
★★☆

※ 不包括冷却时间。

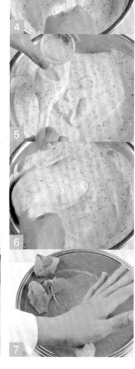

1 将菠菜煮熟，挤掉水分，切成碎屑。

2 参照 P24 ～ P26 的基础要领制作蛋糕面糊，加入低筋面粉后混入 1。先舀一勺面糊倒入菠菜中搅拌均匀。

3 然后再将 2 倒回面糊中。

4 用硅胶铲搅拌均匀。

5 加入融化的黄油。

6 按照基础要领烤制蛋糕。

7 南瓜煮熟后去皮，然后过筛冷却。如果用的是冷冻南瓜，需要先用微波炉加热，再冷却后使用。

8 ～ 10 将鲜奶油和细砂糖混合，搅打至 9 分打发，然后再混入南瓜。与混入菠菜相同，先舀一勺奶油倒入南瓜泥中，搅拌均匀后再倒回奶油中。

11 ～ 12 将蛋糕上色的一面朝上放置，涂满南瓜奶油，再参照P27将蛋糕卷成长条。

进阶款

大豆粉蛋糕卷

极其润口的日式风味蛋糕卷。

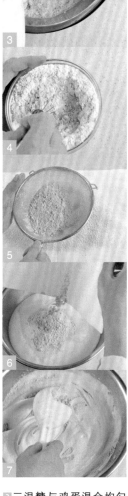

材料（1 根 30cm 长的蛋糕卷）

大豆蛋糕的材料
- 鸡蛋…250g（5 个）
- 三温糖…90g
- 低筋面粉…60g
- 大豆粉…30g
- 牛奶…20mL
- 黄油…20g
- 花生仁（无盐）…15g

红豆奶油的材料
- 鲜奶油…200mL
- 豆粒馅…80g

必备工具

锅 / 碗 / 打蛋器 / 电动打蛋器 / 硅胶铲 / 刮板 / 万用网筛 / 尺子 / 订书机 / 剪刀 / 烤箱 / 烤盘 / 烤盘纸 / 蛋糕刀 / 抹刀 / 抹布 / 橡皮筋 / 厚纸 / 温度计

所需时间
145 分钟

难易度
★★☆

※ 不包括冷却时间。

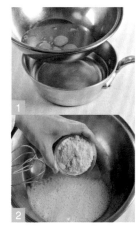

1 ～ **2** 先打鸡蛋，再隔热水加热用打蛋器轻轻搅拌，然后加入三温糖。本食谱没用细砂糖，而是用三温糖，更能突出日式风味。也可以使用赤砂糖和黑砂糖。

3 三温糖与鸡蛋混合均匀后，参照 P25 用电动打蛋器搅拌。

4 ～ **5** 将低筋面粉与大豆粉混合后过筛。

6 ～ **7** 用 **5** 替代低筋面粉，倒入碗内，搅拌均匀后再加入牛奶和融化的黄油。

8 倒入模具内抹平面糊。

9 再往面糊表面撒上花生碎，然后放入烤箱烤制。

10 ～ **11** 将鲜奶油搅打至 9 分打发，然后混入豆粒馅。先舀一勺奶油与豆粒馅混合，然后再将豆粒馅倒回奶油中。

12 将红豆奶油抹到蛋糕上，再参照 P27 将蛋糕卷成长条。

用涂层增加糕点的颜值

涂层就是"覆盖"在糕点表面的东西

糖衣

将砂糖与水一起煮干，最后冷却结晶的物质就是糖衣。淋到糕点表面，常温下放置就可以凝固成糖衣。

熬好的糖衣要立即淋到糕点的表面。

吉利丁

果汁内加入适量吉利丁，然后再淋到糕点表面，凝固后变成一层果冻。可根据个人喜好选择果汁，呈现出不同色彩。

将吉利丁液淋到糕点表面，然后放入冰箱冷藏。

糖粉

在糕点的表面筛上一层薄薄的糖粉。最好等糕点彻底冷却后再筛上糖粉。

将糖粉倒入糖粉筛内，用手轻轻敲击，让糖粉均匀撒满糕点表面。

镜面果胶

将砂糖、麦芽糖、果胶用水溶解后，熬制做成镜面果胶，主要为了突出糕点的光泽感。

用毛刷将熬好的镜面果胶涂抹到糕点和水果表面。

搅打奶油

将搅打奶油涂满蛋糕表面，抹至整体光滑。奶油还可以做成巧克力味的。

将9分打发的奶油均匀地涂抹到蛋糕表面。

巧克力

将调温巧克力覆盖到糕点表面。糕点专业术语叫作"巧克力淋面"。

为了让表面和侧面都能均匀覆盖上巧克力，需将巧克力沿中心缓缓倒入。

为了让糕点更美观，可以加上美美的涂层

外观决定着糕点的完成度，而涂层是可以提升糕点美观和华丽的重要步骤。涂层就是将巧克力、镜面果胶、糖衣等涂刷在糕点表面以增强光泽和美感。通过这一步骤可以增强装饰性，也可以赋予糕点更多可能性。

此外，涂层并不单单具有装饰作用，还有助于锁住糕点内的水分，起到防止糕点变干的作用。

可选用更便捷的市售镜面果胶

镜面果胶可以自己做，也可以选用市售产品，更为便利。只需往果胶内加入适量水，再加热一下就可以使用了。

Melon Tart

哈密瓜塔

使用大量时令水果制作而成的水果塔。

哈密瓜塔

材料（直径22cm的哈密瓜塔）

塔皮的材料
- 发酵黄油…100g
- 盐…1 小撮
- 糖粉…50g
- 鸡蛋…25g（1/2 个）
- 低筋面粉…180g

吉布斯特奶油的材料
- 糕点师奶油
  - 蛋黄…40g（2 个）
  - 细砂糖…15g
  - 低筋面粉…20g
  - 牛奶…200mL
  - 香草荚…1/4 根
- 吉利丁片…6g
- 意式蛋白霜
  （做好后使用 60g）
  - 蛋白…60g（2 个）
  - 细砂糖…10g
  - 糖浆
    - 水…20mL
    - 细砂糖…80g

装饰用材料
- 镜面果胶（市售）…80g
- 哈密瓜…1 个

必备工具
锅 / 碗 / 托盘 / 打蛋器 / 硅胶铲 / 刮板 / 擀面杖 / 万用网筛 / 锥形网筛 / 烘焙重石 / 烤箱 / 烤盘 / 菜刀 / 操作台 / 菜板 / 冷却架 / 毛刷 / 秤 / 保鲜膜 / 厨房用纸 / 温度计

使用的模具
直径 22cm 的塔模

所需时间
235 分钟

难易度
★★☆

制作塔皮

Point!

1 低筋面粉放入冰箱冷藏后过筛。

2 将发酵黄油切成 1cm 的小块，放置室温下，鸡蛋放置室温下。

3～**4** 用打蛋器搅打黄油。

5～**7** 黄油搅打至发白，待呈现出图片**5**那样的奶油色后，加入 1/3 的盐和糖粉。

8～**9** 继续搅打至光滑，再次加入 1/3 的盐和糖粉。

10～**11** 搅打至光滑，加入剩下的盐和糖粉，充分搅拌均匀。

12～**14** 一点点加入蛋液，充分搅拌均匀。

Point!	蛋液不能一次全部加入，要一点点加入。

Point!

材料搅拌成一团后即可

面糊非常湿润，搅拌至如图片所示的奶油色后，就可以停止了。

用硅胶铲像碾碎低筋面粉一样进行搅拌。

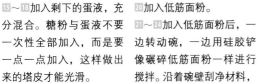

放入冰箱松弛约 60 分钟。

15～18加入剩下的蛋液，充分混合。糖粉与蛋液不要一次性全部加入，而是要一点一点加入，这样做出来的塔皮才能光滑。

19用手指将粘在打蛋器头上的材料从上至下捋下来。

20加入低筋面粉。

21～24加入低筋面粉后，一边转动碗，一边用硅胶铲像碾碎低筋面粉一样进行搅拌。沿着碗壁刮净材料，刮到中央后再重复此动作。

25～26将材料搅拌成面团。用硅胶铲将面团铲起，如果抬至高处面团仍不会掉下来，就可以移至保鲜膜上。刮净面团，碗内不要有残留。

27盖上保鲜膜，用手轻轻按压，排出空气。

28～31用保鲜膜裹好，再用手掌按压平，整理成四边形后，放入托盘内。

31直接放入冰箱冷藏约 60 分钟。

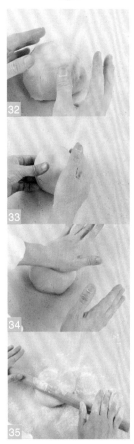

擀制塔皮、
放入模具内

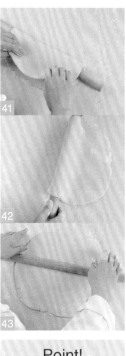

Point!

一般塔皮要比模具大一圈

将塔皮擀成厚3mm的圆形，然后将模具放上确认一下尺寸。塔皮直径要比模具长5cm。

确认塔皮的尺寸。

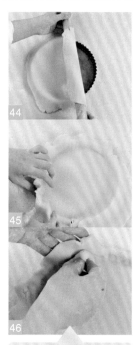

Point!

窍门就是将塔皮铺满模具

往多余塔皮团成的圆球上撒上少量手粉，然后沿着模具的边缘将塔皮塞满波形空隙。

32～33 用手将面团揉成圆形。34 如图所示，用手掌轻轻按压面团，产生一定的硬度。不要过度揉面团，否则成品就会失去酥脆的口感了。

35 在操作台和面团上撒上少量面粉（另备高筋面粉），用擀面杖擀开。

36 如果面团冷藏过度，用擀面杖擀开时会裂开。这时可以重新揉成面团。

37～38 用擀面杖压着慢慢擀开。

39～40 将面团擀至直径约15cm时，旋转90度，继续擀。

41～43 擀成如图所示薄薄的圆形后，用擀面杖卷住塔皮翻面，前后左右正反都按照旋转90度的方式擀开。最后擀成厚3mm的圆形，直径要比模具稍大一圈。

44 将塔皮盖到塔模具上，注意不要卷边。

45～46 将多余的塔皮取下后团成圆球。用一只手扶着周围多出来的塔皮，另一只手拿着圆球，沿着模具的边缘将塔皮塞满波形空隙。

47 用擀面杖按压模具边缘，把多余的塔皮切下来。

100
分钟
　　　　冷藏塔皮
　　　（30 分钟）
130
分钟
　　　　烤制塔皮
　　　（25 分钟）
155
分钟

放入 180℃的烤箱
烤约 15 分钟。

放入冰箱冷藏
约 30 分钟。

放入 180℃的烤箱
烤约 10 分钟。

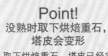

Point!
**没熟时取下烘焙重石，
塔皮会变形**

取下烘焙重石，塔皮已经定
型（有一定硬度的状态）了，
继续放入烤箱烤。

按压确认一下硬度。

48 将多余的塔皮揉成小面团，用这个小面团按压塔皮，让塔皮与模具内壁完美贴合。

49 为了防止烤制时塔皮膨胀，用叉子在底部插满小孔。

50 放入冰箱冷藏约 30 分钟。

51 将烤盘纸折叠成放射状，半径稍微比模具半径长一些。

※ 开始预热烤箱至 180℃。

52 ～ 54 将按照模具的半径折好的烤盘纸剪成圆形，外周 2cm 处折出痕迹，然后铺到模具内。

55 ～ 56 放入烘焙重石，用手铺平（还可以用金属重石或用红小豆、大米替代）。

57 放入 180℃的烤箱烤约 15 分钟。

58 取出，掀开烤盘纸确认一下塔皮的状态。如果塔皮已经定型了，就可以取下烘焙重石。

59 ～ 60 放入 180℃的烤箱烤约 10 分钟。

61 ～ 62 烤好后的状态。烤至表面呈现出金黄色后，出炉，放在冷却架上，在室温下冷却。

37

制作吉布斯特奶油，
并倒入模具中

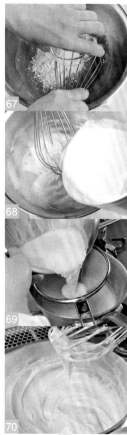

Point!
加热至缓缓流动的状态

不是加热到凝固。而是加热到提起打蛋器，奶油缓缓往下流的状态。

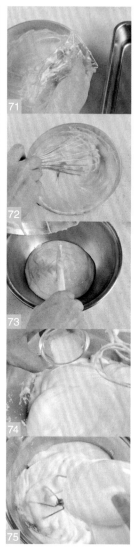

63 将吉利丁片放入冰水中泡发。

64~65 纵向剪开香草荚。先将牛奶倒入锅内，再将香草荚和香草籽放入锅内，加热至与人体体温接近的温度。将制作意式蛋白霜的蛋清放置室温下。

66 碗内放入蛋黄和细砂糖，用打蛋器搅打。

67 加入低筋面粉，充分搅拌至光滑。

68 然后一点点加入步骤65的牛奶。

69 充分搅拌后，再用锥形网筛过滤回锅内，去掉香草荚。

70 一边用打蛋器搅拌，一边加热，直到整体呈缓缓流动状。

71 加入步骤63中泡发好并沥干水分的吉利丁片。

72 用打蛋器充分搅拌。

73 移至碗内，用湿布盖住。

74~75 制作意式蛋白霜。将提前放置室温下的蛋清用电动打蛋器打发，搅打到出现尖角后开始加入1/3量的细砂糖。然后继续搅打，最后再加入剩下的细砂糖，充分打发。

76~77 另起一锅，将制作糖浆的材料加热至117℃（加热至稍微黏稠的状态）。然后将糖浆加入蛋白中，继续搅打至与室温一致。

78 趁着步骤73还温热，加入60g的意式蛋白霜。

79 一边转动碗，一边搅拌均匀，这样吉布斯特奶油就完成了。

80 将步骤62的塔皮脱模。

38

195 分钟

切哈密瓜（10分）

装饰哈密瓜

235 分钟

冷却凝固（30分钟）

225 分钟

装饰哈密瓜（10分钟）

放入冰箱冷藏凝固约30分钟。

装饰哈密瓜

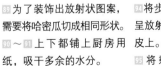

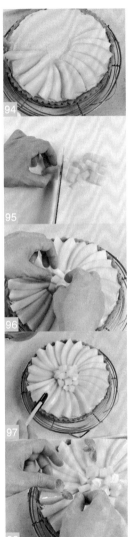

81～83 将步骤 做好的吉布斯特奶油倒入塔皮内，用刮板刮平表面。

84 放入冰箱冷却凝固。掌握了吉布斯特奶油的做法，只需换一换装饰在上面的水果就可以做成各种各样的水果塔了。

85 切掉哈密瓜的瓜蒂，纵向一切两半，用勺子挖净种子。

86 然后纵向分切成八块。

87 如图所示，贴着瓜皮入刀，将皮去掉。

88 斜着切成薄片。

89 为了装饰出放射状图案，需要将哈密瓜切成相同形状。

90～91 上下都铺上厨房用纸，吸干多余的水分。

92～93 将镜面果胶加热至70℃。离火后，稍微散热，然后将哈密瓜放入镜面果胶内浸泡一下。

94 将步骤 处理好的哈密瓜呈放射状装饰到步骤 的塔皮上。

95 将剩余的哈密瓜切成1cm的小块。

96 将步骤 切好的哈密瓜丁摆放到中央。

97 然后再将步骤 的镜面果胶涂抹到哈密瓜上。

98 如果有条件，还可以再装饰上薄荷叶。

39

巧克力塔

醇厚的双重巧克力搭配上酥脆的塔皮。

材料（8个10cm长的船型塔）

塔皮的材料

┌ 发酵黄油…65g
│ 盐…1 小撮
│ 糖粉…35g
│ 鸡蛋…35g
└ 低筋面粉…125g

甘纳许的材料

┌ 鲜奶油…120mL
│ 黑巧克力…120g
│ 黄油…20g
└ 白兰地…1 大勺

巧克力淋面的材料

┌ 可可粉…20g
│ 细砂糖…50g
│ 水…30mL
└ 吉利丁片…2g

装饰材料

金箔…适量

所需时间	难易度
260 分钟	★★☆

必备工具

锅 / 碗 / 托盘 / 手动打蛋器 / 电动打蛋器 / 硅胶铲 / 刮板 / 擀面杖 / 万用网筛 / 锥形网筛 / 烘焙重石 / 烤箱 / 烤盘 / 冷却架 / 菜刀 / 操作台 / 菜板 / 毛刷 / 勺子 / 保鲜膜 / 蛋糕纸托

使用的模具

5cm × 10cm 的船型模具

将塔皮铺到模具内

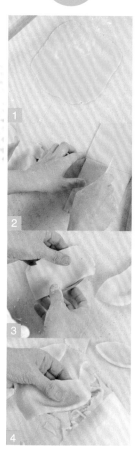

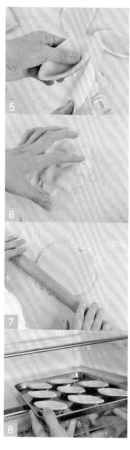

放入冰箱冷藏约 20 分钟。

1 参照 P34 哈密瓜塔的步骤 1 ～ 43 制作塔反。

2 擀成厚约 3mm 的塔皮，切成比船形模具稍微大点的小块。

3 ～ 4 将塔皮铺满船型模具。

※ 开始预热烤箱至 180℃。

5 轻轻按压塔皮，让其与模具紧紧贴合，用刮板切掉多余的派皮。

6 ～ 7 将多余的派皮再揉成一团，按照相同的方法铺到模具内。

8 放入冰箱冷藏约 20 分钟。

制作甘纳许

烤制塔皮，
倒入巧克力

9 将鲜奶油煮至轻微沸腾。
10～12 将步骤 9 倒入切碎的巧克力内，放置2～3分钟。用硅胶铲从中心开始慢慢搅拌。

13～14 将提前放置室温下变软的黄油加入步骤 12 内，搅拌均匀。然后再加入白兰地，继续搅拌。
15 放在阴凉处约60分钟。
16 用叉子在步骤 8 的底部插上小孔。然后铺上蛋糕纸托，再放上烘焙重石。放入180℃的烤箱烤约15分钟。

17～18 去掉蛋糕纸托和烘焙重石，放入180℃的烤箱烤约10分钟。
19 烤好后出炉，直接放在烤盘上冷却。
20 脱模，将步骤 15 的甘纳许倒入派皮内，约7分满。
21 将制作巧克力淋面的材料（除了吉利丁片）放入锅内。

22～23 充分搅拌，同时开小火加热，搅拌至光滑后，再加入用冷水泡发的吉利丁片，搅拌均匀后再用锥形网筛过滤。
24 用小勺将冷却好的 23 舀至 20 上，用勺子抹平。
25 摆放到托盘内，放入冰箱冷藏约30分钟。
26 中间装饰上金箔。※
※ 金箔请勿食用。

用小工具助力塔皮、派皮的制作

使用专业工具，可以让完成度达到事半功倍的效果

烘焙重石
烤制派或塔时，烘焙重石放在模具上面。可以防止坯子由于膨胀鼓起来。

没有烘焙重石……
可以用大米或红小豆代替。

拉网刀
在派皮上滚动可压出花纹。只需轻轻滚动就可以形成漂亮的网格。

没有拉网刀……
可以将派皮切成细长条，再摆放成网格状。

硅胶面板
擀制面团时，可以铺在面团下面。因为可以低温保存，黄油不易溶化。

没有硅胶面板……
可以将菜板冷却后使用。或者在桌子上铺上一层烤盘纸。

塔派花夹
让烤好的塔皮和派皮的边缘更漂亮。烤制前，用花夹钳住塔皮和派皮边缘，使之与模具紧紧贴合。

没有花夹……
用叉子按压面皮，让其与模具贴紧。

针车轮
在面团上滚动可扎出小孔。可以扎出间距相同的小孔，烤好的糕点膨胀度也会保持一致。

没有针车轮……
可以用叉子多插几次，在面皮上扎满小孔。

轮刀
分切面皮、面团时，可以让切割更美观。

没有轮刀……
使用菜刀，切的时候注意不要切碎面皮的层次。

打粉器
可以轻松将黄油切成碎屑状，还可以加快材料搅拌。

没有打粉器……
两只手各拿一个刮板，把黄油切碎。

除基础工具外，逐渐备齐各类小工具

　　制作塔皮、派皮最难的地方在于表皮没有酥脆的口感、烤制不均匀等。有时候烤好的成品确实不错，但是分切的时候派皮碎得稀巴烂。实际上，有很多小工具可以帮助你解决这些小难题。没有这些小工具也可以制作出完美的塔派，但是那些"多次失败""觉得太难"的人可以试试这些小工具。

　　最先需要准备的就是烘焙重石。虽然烘焙重石可以用大米或红小豆替代，但是烤过的大米和红小豆就没法再食用了，而且专业的烘焙重石还具有优良的导热性能，所以绝对属于买了不后悔系列的工具。其次推荐购可以帮你完美分切糕点的轮刀、避免面团粘连的硅胶面板。这三样工具不仅可用于塔、派类糕点的制作，还可以用于甜点的制作。

商品赞助：美味生活（硅胶面板、轮刀）
※ 其他商品均由 kuokaplanning 株式会社赞助。

奶油泡芙

蓬松、酥脆是泡芙的最大特点。

奶油泡芙

材料（14 个直径 7cm 的泡芙）

泡芙皮的材料

- 黄油…60g
- 水…140mL
- 盐…2g
- 低筋面粉…75g
- 鸡蛋…100g（2 个）

糕点师奶油的材料

- 牛奶…250mL
- 香草荚…1/4 根
- 蛋黄…60g（3 个）
- 细砂糖…75g
- 低筋面粉…25g
- 樱桃白兰地…2 小勺

搅打奶油的材料

- 鲜奶油…100mL
- 细砂糖…10g

必备工具

锅 / 碗 / 打蛋器 / 硅胶铲 / 木铲 / 刮板 / 万用网筛 / 锥形网筛 / 糖粉筛 / 剪刀 / 圆形模具（直径 4cm）/ 烤箱 / 烤盘 / 烤盘纸 / 菜刀 / 冷却网 / 裱花袋 / 圆形和星形裱花嘴（直径 1cm）/ 保鲜膜 / 工作手套 / 直径 4cm 的模具

所需时间
105 分钟

难易度
★★☆

制作泡芙面糊

Point!

鸡蛋要一颗一颗打碎

先将鸡蛋打至小碗中，然后再移至大碗中。这样即使掉进去鸡蛋壳，也容易处理。

1 黄油放入锅内，室温下变软。

2 低筋面粉用万用网筛过筛。拍净粘在网眼上的面粉，如果不拍干净，会导致面粉分量不足。

3 将提前放置室温下的鸡蛋打到碗内，搅打均匀。

※ 开始预热烤箱至 200℃。

4～6 往放有黄油的锅内加入水和盐。

7 开中小火加热，加热至沸腾后调低火力，直至黄油彻底溶化。

8 黄油彻底溶化后关火，加入步骤 **2** 的低筋面粉。

9～10 加入低筋面粉后，立即快速用木铲搅拌。

11 低筋面粉与黄油完全搅拌均匀后，开中小火加热 2 分钟，同时不停搅拌，待面糊呈现出光泽，锅底形成一层薄膜后即可关火。

12～13 将步骤 **11** 移至放在布上的大碗内。

制作泡芙面糊
（25分钟）
25 分钟

挤泡芙面糊
（10分钟）
35 分钟

需确认泡芙面糊的状态。

Point!

确认泡芙面糊的硬度
用木铲舀起泡芙面糊，如果面糊一下掉下去了就表示不合格。可以根据情况酌情添加蛋液。

14 将步骤 13 的鸡蛋搅打成蛋液。

※ 如果鸡蛋温度太低，泡芙面糊会因温度过低而难以烤至膨胀。如果再加入低温的黄油，就很难准确判断面糊的软硬度。因此，如果鸡蛋和黄油的温度过低，需要隔热水加热。

15～16 加入一半的蛋液，用木铲搅拌均匀。

17～18 然后再加入剩下的蛋液，按照同样的方法继续搅拌均匀。

19～22 根据泡芙面糊的状态酌情添加蛋液。用木铲铲起来时，最好是面糊从铲子上滴落，呈现出三角形（图片22 的状态）。如果面糊"滴滴答答"地流下来，说明蛋液加得太多。这种情况下，从裱花袋挤出的面糊会摊成一片，没法烤至膨胀。另外，如果面糊太硬是因为蛋液放少了，也会导致膨胀不起来。

23 将圆形裱花嘴装入裱花袋上。

24～25 将裱花袋放入面糊量杯等工具内，然后将泡芙面糊装入。可以趁着泡芙面糊还温热时操作。

26 用刮板从裱花袋上方向裱花嘴方向刮压，排出空气。

27 用直径 4cm 的圆形模具蘸上面粉。

28 烤盘铺上烤盘纸。考虑到泡芙面糊会膨胀 1.5 倍左右，须留出合适间隔，用圆形模具在烤盘纸上印出圆圈。

29～31 参照 P13 将泡芙面糊在印好的圆圈中央挤出一个圆形。挤的时候，裱花袋需直立垂直于烤盘纸。

45

32

Point!

如何做出形状美观的泡芙？

注意裱花袋一定不要倾斜，否则挤出来的面糊会歪，这样就没法挤出完美的泡芙面糊了。

裱花袋一定要保持垂直。

33

34

35

放入 200℃的烤箱烤约 8 分钟，然后再调至 180℃烤约 20 分钟。

Point!

36

37

Point!

如何烤出完美裂纹？

先往坯子上刷少许水，这样在烤制过程中，泡芙坯表面因温度骤然升高会产生很多裂痕。

38

39

40

41

冷却约 10 分钟。

42

43

44

45

---

32 将泡芙坯挤成直径约4cm的圆形。

33 用刮板刮平裱花袋，排出空气，将泡芙面糊全部挤出来。

34 用毛刷轻轻在表面刷上一层水，只沾湿表面即可。

35 放入200℃的烤箱烤约8分钟，然后再调至180℃烤约20分钟。

36~37 烤至出现裂痕，开始呈金黄色后即可出炉。

Point! 烤制途中千万不能打开烤箱门，因为打开烤箱门热度骤然降低，会导致泡芙塌陷。

38 泡芙烤好后的状态。烤至凹凸部位颜色一致，颜色稍浅也没关系。

39~41 戴上工作手套，趁热将泡芙移至冷却网上。直接放置室温下冷却。

42~43 锅先过水沾湿，然后加入牛奶、纵向切开的香草荚和香草籽。

※ 锅内肉眼看不到的不平的地方，一旦沾上牛奶和蛋白质就特别容易烧焦，所以要先用水将锅沾湿。

44~45 将蛋黄和细砂糖放入碗内，用打蛋器搅打均匀。

往泡芙坯内挤满
糕点师奶油

46～47 加入低筋面粉，充分搅拌至看不到面团颗粒。

48～49 将步骤43中的牛奶加热至即将沸腾状态，然后一点点加入步骤47中，继续充分搅拌。

50 用锥形网筛过滤到锅内，去掉香草荚。

51 开中小火加热，同时用打蛋器不停搅拌。等变得浓稠时继续加热，直至提起打蛋器奶油能缓缓流下来。

52～53 倒回碗内，密封上保鲜膜。

54～55 将碗放入冰水里冷却，然后再加入樱桃白兰地，搅拌均匀。

56～57 将圆形裱花嘴装入裱花袋上。然后再将裱花袋放入量杯等工具内，再将步骤55的糕点师奶油装入裱花袋内。

58 这时泡芙已经冷却好，用刀水平切掉泡芙坯上部1/3。

59 如果中间还有一些残留的组织，可以用手把它们扣净，做成空洞。

60 将裱花袋内的奶油挤到泡芙皮的空洞内。

61 将鲜奶油和细砂糖搅打至8分打发。

62～64 将步骤61的奶油装入已装好星形裱花嘴的裱花袋内，将奶油挤到泡芙上，再盖上泡芙顶，最后再筛上糖粉（另备）。

47

手指泡芙

淋上巧克力涂层后更适合大人享用。

制作泡芙面糊

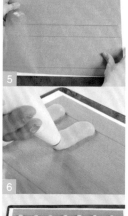

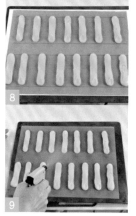

材料（15 个 10cm 长的手指泡芙）

泡芙皮的材料

- 黄油…50g
- 牛奶…150mL
- 细砂糖…5g
- 盐…1g
- 鸡蛋…110g
- 低筋面粉…70g

咖啡味糕点师奶油的材料

- 糕点师奶油
  - 牛奶…250mL
  - 香草荚…1/4 根
  - 蛋黄…60g（3 个）
  - 细砂糖…75g
  - 低筋面粉…25g
  - 速溶咖啡粉…1 小勺
- 咖啡利口酒…10mL

巧克力淋面的材料

- 调温巧克力…200g

必备工具

锅 / 碗 / 打蛋器 / 硅胶铲 / 刮板 / 万用网筛 / 锥形网筛 / 烤箱 / 烤盘 / 烤盘纸 / 裱花袋 / 圆形裱花嘴或手指泡芙专用裱花嘴（直径 1cm）/ 叉子 / 筷子 / 保鲜膜 / 喷雾器 / 图画纸

所需时间

110 分钟

难易度

★★☆

1 参照 P44 步骤 1 ～ 22 制作泡芙面糊（用牛奶替代水，细砂糖和盐一并加入）。

2 将泡芙面糊装入裱花袋中。

3 ～ **4** 参照图片在图画纸上划出宽 10cm 的平行线。

※ 开始预热烤箱至 200℃。

5 将步骤 4 的图画纸铺到烤盘上，然后再铺上烤盘纸。

6 ～ **8** 沿着透过烤盘纸看到的平行线，挤出泡芙面糊，每个相隔 3cm。

9 抽出铺在下面的图画纸，为了烤出漂亮的裂纹，用喷雾器喷湿表面。

先放入 200℃的烤箱烤约 8 分钟，然后再用 180℃烤约 20 分钟。

冷却约 10 分钟。

制作咖啡风味的糕点师奶油

向泡芙皮内挤满奶油、淋上巧克力涂层

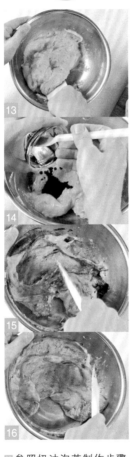

⑩ 用叉子在表面划出线条，呈现出锯齿状。

⑪ 先放入 200℃的烤箱烤约 8 分钟，然后再调至 180℃烤约 20 分钟。

⑫ 烤好出炉后，放置在通风良好的位置冷却。可以放在铺着烤盘纸的木板上。

⑬ 参照奶油泡芙制作步骤 42～54 制作糕点师奶油。

⑭～⑯ 向步骤的奶油内加入速溶咖啡和咖啡利口酒，并用硅胶铲搅拌均匀。

⑰ 用筷子从泡芙一端戳个小洞。

⑱～⑲ 将手指饼干专用裱花嘴装到裱花袋上，然后再装入步骤的奶油。

⑳ 左手拿住泡芙皮，右手握住裱花袋。

㉑ 注意往里面挤奶油的时候，不要弄破泡芙皮。

㉒ 将调温巧克力用 50℃的热水隔水加热至溶化。

㉓～㉔ 让手指泡芙的表面沾满巧克力酱，完成涂层。

㉕ 放置阴凉处，等待巧克力凝固。

分量是糕点制作的关键

有时明明准备了分量充足的材料，最后却出现分量不足的结果。

容器内的材料转移时

转移容器内的材料时，需要用手指或硅胶铲将残留在容器底和容器壁上的材料刮下来，以保证材料全部倒净。

过筛粉类倒入碗内时

将筛到纸上的粉类加入其他材料内时，纸上容易残留少许粉类，需要用手指弹落所有粉类。

粉类过筛时

过筛低筋面粉或糖粉时，细腻的粉类会残留在网眼上。用手指搓网眼，直至粉类全部筛净。

搅拌面糊和奶油后

粘在打蛋器头上的材料，需要用手捋下来，然后再用硅胶铲充分搅拌均匀。

挤奶油时

为了能充分挤干净装入裱花袋内的奶油，需要用刮板从裱花袋的上方向裱花嘴方向刮压。

注意飞溅、残留都会导致分量不足！

明明每一步都是按照食谱制作，可做出来的糕点还是不尽如人意，很大一个原因就是分量上的微小差异。

制作糕点时，先将称好的材料分别盛在碗内，然后按照顺序添加或者是再倒回某一个碗内，而这类操作很容易造成容器内残留少量材料。因此，一定要用硅胶铲将残留在容器底部和四周的材料刮净。尤其是制作曲奇饼干和派皮时，手上和操作台上残留的面团一定要刮净了再一起揉。

此外，用打蛋器或电动打蛋器搅打面糊或奶油时，因为要用力充分搅拌，所以容易造成面糊从碗内溅出来。大家一般会因为量少而无视，但是如果多次出现也非常容易导致分量不足，从而影响到糕点最终的成品效果。

第 3 章

常见糕点、甜点

认识粉类

除了低筋面粉，制作糕点还需要其他各种各样的粉类。

低筋面粉适合制作糕点是因为蛋白质含量较低

根据蛋白质含量由高至低排列，面粉可分为高筋面粉、中筋面粉、低筋面粉三种。蛋白质与水结合后会产生一种具有黏性和弹力的面筋。如果面粉中的蛋白质含量高，产生的面筋就会越多，因此如果在制作追求松软口感的海绵蛋糕时，用了高筋面粉，就会因为面粉黏性较大而影响成品的蓬松效果。所以，低筋面粉才是最适合制作糕点的面粉。

低筋面粉
蛋白质的含量大约为7.0%～8.5%，所产生的面筋量较低，因此适合制作柔软、黏性低的糕点。糕点制作中所说的面粉一般指的就是低筋面粉。

中筋面粉
蛋白质的含量大约为8.5%～10.5%※。特性介于高筋面粉和低筋面粉之间，一般多用作制作面食。非常适合制作甜甜圈、咸饼干、煎包等。

高筋面粉
蛋白质的含量大约为11.5%～13.5%※。所产生的面筋较多，因此黏性大，多用于制作需要弹性和黏性的面包、派、千层酥等。

在基础面粉的基础上加入其他粉类，玩转不同风味

不同的糕点种类可以用全麦粉、荞麦粉、黑小麦粉、玄米粉、玉米粉、燕麦粉等各种独具风味的面粉制作。此外，还可以在面粉的基础上加入其他粉类，改变糕点的口感、风味和色彩等。还可以挑战用蔬菜粉给糕点着色，或用焦糖等喜欢的风味做出更多创意糕点。

米粉
 +口感

用粳米粉碎而成的粉类。用米粉替代面粉做出的糕点更松软。

玉米淀粉
+口感

从玉米中提取的淀粉。少量加入可以让糕点口感更轻盈。

牛奶焦糖粉
+风味

炼乳熬干后干燥而成。少量加入可增添焦糖风味。

菠菜粉
+颜色

菠菜干燥后磨成的粉。可以将糕点染成淡绿色。

黄油粉
 +风味

用制作黄油时产生的黄油奶脱水干燥而成的粉状物。散发着淡淡的香味。

豆腐渣粉
+营养

将豆腐渣磨成粉状。可以增加膳食纤维。

※ 还有一种蛋白质含量在10.5%～12.5%之间的准高筋面粉。

Shortcake of Strawberry

草莓裱花蛋糕

装饰可简单、可华丽，生日会上必不可少的一款蛋糕。

草莓裱花蛋糕

材料（直径 15cm 的蛋糕）

海绵蛋糕的材料
- 鸡蛋…100g（2 个）
- 细砂糖…60g
- 低筋面粉…60g
- 黄油…20g

搅打黄油的材料
- 鲜奶油…250mL
- 细砂糖…25g

酒糖浆的材料
- 糖浆
  （水:砂糖＝3:1）…20mL
- 樱桃白兰地…20mL

装饰材料
草莓…20 颗

必备工具
锅／碗／打蛋器／电动打蛋器／硅胶铲／刮板／万用网筛／烤箱／烤盘／烤盘纸／蛋糕刀／菜刀／案板／毛刷／抹刀／冷却架／裱花台／裱花袋／星形裱花嘴（直径 1cm）／温度计／工作手套／竹签／金属棒（厚约 1.5cm）

使用的模具
直径 15cm 的慕斯圈

所需时间
100分钟

难易度
★★☆

用烤盘纸包裹住慕斯圈　　5分钟

用烤盘纸包裹住慕斯圈

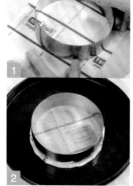

制作海绵蛋糕（全蛋打发）

Point!

隔热水加热至 36℃即可

如果鸡蛋温度太低会很难打发，可以将蛋液隔热水加热至与人体体温接近。隔热水加热时，要不停搅拌，如果觉得温度差不多了就可以离火。进行这一步骤时，一定不要过度加热。如果过度加热会导致打发后的蛋液气泡粗糙，做出的海绵蛋糕口感很差。

这一温度正好可以溶化细砂糖。

1～**2** 参照 P93 用烤盘纸将慕斯圈包裹好，做成模具底。放置到烤盘中间。

※ 开始预热烤箱至 180℃。

3 黄油隔热水加热至溶化。

4 低筋面粉用万用网筛过筛备用。

5 将鸡蛋打入碗内。

6～**7** 往步骤 5 内加入细砂糖，充分搅拌至打发。

8 为了让细砂糖充分溶化，可以放入 50℃的热水里隔热水加热。

9 充分搅拌至砂糖溶化，加热至接近人体体温时，移开热水。

10 一边逆时针旋转碗，一般用电动打蛋器将蛋液打发。

Point!

蛋糕糊的温度不宜过高

如果蛋糕糊的温度过高，无法正常凝固，一直处于黏黏糊糊的状态，这时可以放入凉水中冷却一下。

不要用冰水，用凉水就可以了。

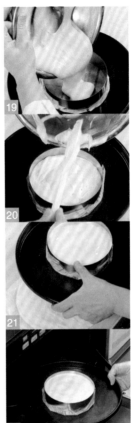

放入 180℃的烤箱烤约 20 分钟。

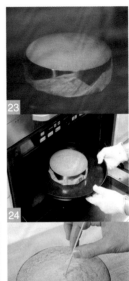

冷却 30 分钟即可，以免蛋糕变干。

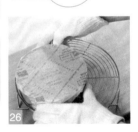

⑪搅打至整体呈现白色后，改用手持打蛋器继续搅打，这样便于观察打发程度。

⑫～⑬提起打蛋器，如果蛋液缓慢流下来，差不多可以用来写字的状态即可。还可以将牙签插入 1.5cm深，如果牙签直立不倒，就说明打发完成。最后，再用电动打蛋器低速搅打至纹路一致。

⑭～⑯加入步骤④的低筋面粉。一边旋转碗，一边用硅胶铲沿着碗底翻拌至没有干粉。搅拌动作要轻柔，小心消泡。

⑰～⑱将步骤③的黄油沿着硅胶铲缓缓流入面糊中，快速搅拌，不要让黄油沉入碗底。

⑲～㉑将面糊倒入步骤②的模具，并用硅胶铲刮净碗内残留的面糊。端起烤盘，同时用手指按压住模具，在操作台上轻摔几下，这样可以让面糊表面更平整，还能排出面糊中的大气泡。

㉒放入 180℃的烤箱烤约20 分钟。

㉓～㉔烤至蛋糕膨胀，表面呈现金黄色后，出炉。

㉕用竹签插一下中心处，如果没有沾上面糊就说明烤好了。

㉖倒扣到冷却架上。前 1～2分钟可以稍微移动蛋糕，防止粘连到冷却架上。

准备装饰

海绵蛋糕脱模后
分成3等份

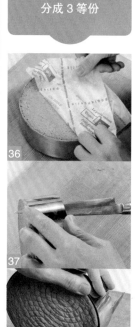

Point!

**注意最后部分不要
切成碎渣**

蛋糕切到最后时非常容易
碎。可以旋转蛋糕慢慢地切。

一定要小心不要切碎。

27 制作酒糖浆。将水和细砂糖放入锅内，煮沸；然后倒回碗内，放入冷水中冷却；最后加入樱桃白兰地，搅拌均匀。

28 ～ 30 用毛刷刷净草莓表面上的污垢。预留出6颗完整的草莓，剩下的草莓全部去蒂，切成厚约3mm的薄片。

31 ～ 35 将鲜奶油和细砂糖加入放在冰水里的碗内。参照P14，用电动打蛋器搅打至7分打发。取出1/4量用于裱花，并将其搅打至8分打发。将奶油分别放入冰箱冷藏备用。

36 从模具侧面开始一点点撕开烤盘纸，然后再沿着蛋糕底部撕下烤盘纸。

37 ～ 38 将抹刀插入模具侧面，然后沿着模具转一圈，在蛋糕与模具之间划出一圈缝隙。

39 脱模。

40 ～ 41 将金属棒置于蛋糕两侧，然后用蛋糕刀将蛋糕分切成3等份。

42 将最上面的一片蛋糕翻面摆放。然后按照叠加顺序摆放好蛋糕，这样可以保证表面平整。

装饰

Point!

整体均匀涂上酒糖浆

涂抹奶油前先涂上酒糖浆，这样把蛋糕打湿，口感更湿润，同时也可增加风味。

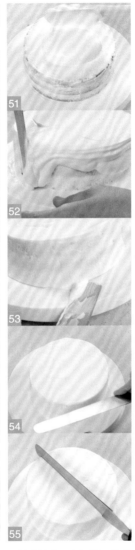

43 将蛋糕底放到裱花台上，用毛刷将 27 的酒糖浆涂抹到蛋糕上，须浸透蛋糕，使其均匀吸满酒糖浆。

44～45 取 1/3 的 7 分打发奶油薄薄涂抹到蛋糕底上。旋转裱花台，涂抹均匀。

> Point! 叠加蛋糕时，从上往下轻轻按压，每一层都摆放平整，蛋糕才会呈现出漂亮的圆柱形。

46 将步骤 30 的草莓摆放到蛋糕底上，留出中心。

47 抹上一层奶油盖住草莓。

48～49 叠加上另外两层蛋糕，按照步骤 43 的方法摆上草莓，抹好奶油。

50 将溢出的奶油涂抹在蛋糕侧面。放入冰箱冷藏约10分钟。

51 从冰箱中取出蛋糕，将剩下的 7 分打发奶油放到蛋糕上，再用抹刀涂抹均匀，厚约 5mm。

52 旋转裱花台，将流到侧面的奶油涂抹均匀。

53～54 擦净裱花台上的奶油，并用抹刀轻轻抹一遍蛋糕表面。

55 用抹刀在表面印出 6～8 等份放射状印迹。

56～57 裱花袋装上裱花嘴，装入步骤 35 的 8 分打发的奶油。

58～59 往蛋糕表面挤出等量的奶油。

60 然后将草莓装饰到挤好的奶油上。

57

抹茶裱花蛋糕

日式风味和栗子的最佳搭配

材料（直径 15cm 的蛋糕）

海绵蛋糕的材料
- 鸡蛋…100g（2 个）
- 细砂糖…60g
- 低筋面粉…55g
- 抹茶粉…5g
- 黄油…20g

搅打黄油的材料
- 鲜奶油…250mL
- 细砂糖…25g
- 抹茶粉…3g

酒糖浆的材料
- 栗子涩皮煮的糖水（罐头）…20mL
- 白兰地…20mL

装饰材料
- 栗子涩皮煮（罐头）…12 颗

所需时间
90 分钟

难易度
★★☆

必备工具

锅 / 碗 / 打蛋器 / 电动打蛋器 / 硅胶铲 / 刮板 / 万用网筛 / 烤箱 / 烤盘 / 烤盘纸 / 菜刀 / 蛋糕刀 / 案板 / 毛刷 / 抹刀 / 冷却架 / 裱花台 / 裱花袋 / 裱花嘴（直径 1cm、圆形）/ 温度计 / 工作手套 / 竹签 / 金属棒（厚约 1.5cm）

使用的模具
直径 15cm 的慕斯圈

制作海绵蛋糕

1 参照 P93 用烤盘纸将慕斯圈包裹好，做成模具底。

2 黄油隔热水加热至溶化。

3 低筋面粉和抹茶粉用万用网筛过筛备用。

4 鸡蛋与细砂糖混合均匀，放入 50℃ 的热水里隔水加热。

※ 开始预热烤箱至 180℃。

5～**6** 用电动打蛋器将蛋液搅打至整体呈现白色。

7 将牙签插入 1.5cm 深，如果牙签直立不倒，就说明打发完成。

8～**9** 将步骤 **3** 的粉类加入碗内。一边旋转碗，一边用硅胶铲沿着碗底翻拌至面糊呈现出光泽。

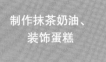

冷却 30 分钟即可，以免蛋糕变干。

制作抹茶奶油、装饰蛋糕

放入 180℃ 的烤箱烤约 20 分钟。

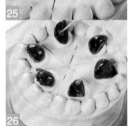

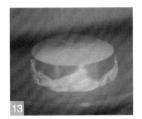

10 将步骤 2 的黄油沿着硅胶铲缓缓倒入面糊，快速搅拌。注意，加入油脂后，不要过度搅拌。

11～12 将面糊倒入模具，端起烤盘同时用手指按压住模具，往操作台上轻轻摔几下，排出面糊中的大气泡。

13 放入 180℃ 的烤箱烤约 20 分钟。

14 蛋糕烤好后出炉，倒扣到冷却架上冷却。充分冷却后，将刀插入蛋糕与模具之间，划一圈，脱模。

15～16 将金属棒置于蛋糕两侧，然后用蛋糕刀将蛋糕分切成 3 等份。

17 将栗子涩皮煮切碎，预留出 6 颗完整的栗子，用作装饰。

18～20 向放在冰水中的碗内加入鲜奶油、细砂糖、抹茶粉，并用打蛋器搅打至 7 分打发。取出 1/4 用于裱花，将其搅打至 8 分打发。分别放入冰箱冷藏 10 分钟。

21 将栗子涩皮煮的糖水与白兰地混合均匀。

22～23 取 1/3 分量的步骤 21 和步骤 20，在蛋糕上涂上薄薄一层。然后撒上一半的栗子碎，涂抹上奶油。再盖上一层蛋糕，重复上面相同的步骤。

24 将侧面溢出的奶油用抹刀涂匀，放冰箱冷藏 10 分钟。

25～26 用抹刀在表面印出 6 等份的印迹，挤上 8 分打发的奶油，装饰上栗子涩皮煮。

裱花蛋糕的
装饰集锦

涂抹上奶油、摆放上草莓是蛋糕制作最有乐趣的步骤之一。
动动脑筋打造一款美丽、可爱、优雅的蛋糕吧。

草莓 + 搅打奶油

用最经典的组合
装饰出漂亮的蛋糕

涂抹到蛋糕上的搅打奶油只需搅打至7分打发，这样更容易涂抹均匀。草莓要擦干再装饰，否则会导致奶油塌陷。装饰蛋糕时只要记住这两点，就可以装饰出漂亮的裱花蛋糕了。

用心形草莓提升蛋糕的可爱度

蛋糕整体涂抹上奶油。然后用圆形裱花嘴在蛋糕整体表面挤出心形。草莓一切两半，然后用刀将草莓切成心形进行装饰。

草莓交错重叠摆放更显高档

蛋糕整体涂抹上奶油，表面用圆形裱花嘴挤出造型。将草莓纵切成薄片并交错摆放，最后装饰上薄荷叶。

用奶油打造立体感

蛋糕整体涂抹上奶油，表面用圆形裱花嘴挤出网格状。将切好的草莓立着摆放到奶油上，再装饰上开心果。

随意涂抹的奶油呈现出制作者的玩心

蛋糕表面涂抹上一层厚厚的奶油，然后用抹刀轻轻敲打。草莓切成碎粒，撒一圈，再摆放上切出造型的草莓。

多重装饰打造奢华感

蛋糕整体涂抹上奶油。将草莓纵切成薄片，在蛋糕侧面和表面围成一圈。最后用星形裱花嘴在蛋糕表面挤上奶油。

水果装饰

用色彩丰富的水果突出白色的蛋糕

用水果装饰蛋糕时，需要考虑到配色。如果想呈现出立体感，可以选用多种水果装饰，但是如果想要打造出高级感，水果种类要控制在 3 种以内，这样会显得更优雅。而且最好选用当季时令水果。

糖粉就像薄雪一般

中央摆放上一圈去蒂的草莓。用扁口裱花嘴挤出奶油，把草莓围成一圈。最后往草莓上筛少量糖粉。

水果摆放在中央打造立体感

将草莓、猕猴桃、草莓、蓝莓、橙子、树莓、黑莓摆放在中央，再挤上一圈奶油。

用浆果类水果增添酸甜口味

用扁口裱花嘴往蛋糕表面挤上奶油，然后装饰上草莓、黑莓、蓝莓和树莓。

用色彩明快的水果营造清爽感

将柚子、葡萄柚、西瓜、杨桃放在中央，再装饰上薄荷叶。

微苦的巧克力碰撞甜蜜的水果

借助纸质条形模具在蛋糕表面（一半）筛上可可粉。然后装饰上树莓和巧克力。

侧面的装饰

费点心思提升创意

除了装饰蛋糕表面，还可以把侧面也装饰一番，让蛋糕显得更奢华。装饰时建议使用裱花台，侧面原本抹平的奶油就不会走样，装饰效果也更佳。

挤上奶油凸显精致感。

用海绵蛋糕屑给蛋糕穿上一圈衣服。

用星形裱花嘴将奶油一点一点地挤出。围着蛋糕挤出一圈。

用筛篱将多余的蛋糕磨成碎屑，然后用勺子涂抹到蛋糕周围。

用杏仁增添香气。

蛋糕侧面贴上杏仁片，可以贴得随意点。

用巧克力屑打造蓬松感。

用勺子或模具将巧克力削成碎屑，然后贴到蛋糕四周。

不用烤箱制作海绵蛋糕

尝试使用常见厨具制作全蛋打发海绵蛋糕！

用电饭锅	用微波炉	用平底锅

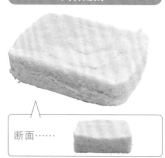

断面……

断面……

断面……

蛋糕表面呈现出漂亮的金黄色，口感松软、质地绵润。不同型号的电饭锅做出来效果会略有差异，制作时间与蒸米饭相同。

做好的蛋糕表面不会上色，但是口感非常松软。加热过程中要时刻注意观察蛋糕膨胀的状态，适当调整加热时间。

非常接近烤箱烤的蛋糕，香味非常浓郁。为了防止蛋糕烤煳，最好选用有不沾涂层的平底锅。

做法

将蛋糕面糊倒入锅内。
在电饭锅的内胆上涂一层薄薄的色拉油。

端起内胆往操作台上轻轻撞击，然后装入电饭锅，按下煮饭键。

做法

将蛋糕糊倒入容量较深的耐热容器内，刮平表面。

表面铺上一层保鲜膜，用微波炉500w加热2分钟。

做法

将慕斯圈放入平底锅的中央，倒入蛋糕糊，然后盖上锅盖。

先小火烤5分钟，待蛋糕膨胀至充满慕斯圈，翻面再烤5分钟。

即使家里没有烤箱也不要轻言放弃

制作蛋糕或烤制点心时，即使没有烤箱，也可以用微波炉、电烤炉、平底锅等常用厨具替代。制作的窍门是要注意烤制时的温度调节或火候。

微波炉是利用食材中的水分在微波场中吸收微波能量而使自身加热的烹饪器具。因此，如果长时间加热会导致水分流失，食物变干。加热时，可以盖上保鲜膜或盖子，趁蛋糕外侧还有少许湿润时取出，然后利用余热继续加热。

平底锅请选用带有不粘涂层的。盖上锅盖，保持小火加热，利用这种蒸烤的方式烤制蛋糕。如果使用电烤炉，蛋糕糊需要少一点，这样烤出的蛋糕与烤箱烤出的基本一致。

戚风蛋糕

松软湿润的口感，散发着浓郁的香味。

制作戚风蛋糕面糊

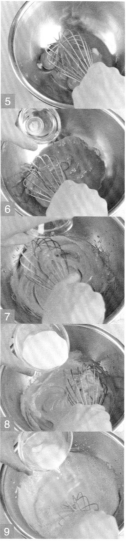

戚风蛋糕

Chiffon Cake

材料（直径 17cm 的蛋糕）

蛋黄…60g（3 个）
色拉油…40g
牛奶…80mL
香草油…2 ～ 3 滴
盐…1 小撮
低筋面粉…90g
蛋白霜
[蛋白…125g
  细砂糖…70g]

必备工具
碗 / 万用网筛 / 打蛋器
/ 电动打蛋器 / 硅胶铲 /
烤箱 / 烤盘
使用的模具
直径 17cm× 高 8cm 的
戚风模具

所需时间
85分钟

难易度
★☆☆

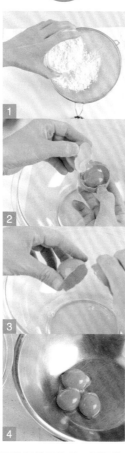

1 将低筋面粉用万用网筛
过筛。
2～**4** 将蛋白与蛋黄分开，
称重。注意将蛋壳中的蛋
白彻底流入碗内。
※ 开始预热烤箱至 160℃。

5～**7** 用打蛋器搅打蛋黄，
搅打均匀后一点点加入色
拉油，每加入一点都要充分
搅拌均匀。
8～**9** 按照与加色拉油相同
的方法，一点点加入牛奶。

10～**13** 牛奶充分搅拌均匀
后，滴入香草油，然后再
继续搅拌均匀，再加入盐，
充分搅拌。碗底垫上一块
抹布，固定状态下更便于
搅打。
14 加入步骤 **1** 的低筋面粉。

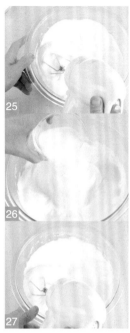

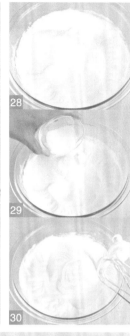

呈蛋白霜状后开始移动。

▼

大幅度搅打。

Point!

刚开始不要
画圆式搅打

最初搅打时，电动打蛋器紧贴某一处。待蛋白整体都呈蛋白霜状后，再整体画圆式搅打。搅打时，用手紧握住碗边，固定好碗是顺利搅打的关键。此外，手动打发时，碗最好倾斜 20°～30°。

15～19用打蛋器画圆式搅拌。搅拌至没有干面粉，面糊呈现光滑状态。

20用手指将净打蛋器头上的面糊。

21～23向蛋白内加入少量细砂糖，用电动打蛋器充分打发。

24搅打至蛋白中央产生少许尖角后，再加入 1/3 的细砂糖。如果不加入细砂糖就直接搅打蛋白，容易出现过度打发、蛋白变干的情况。

25～27搅打至纹路变细，整体气泡也非常细腻时，再加入剩余的 1/2 的细砂糖。搅打过程中还要注意搅打沾在碗壁上的泡沫。

28～29搅打至蛋白呈现光泽、表面有打蛋器痕迹时（图片28的状态），加入剩下的细砂糖。

30一直搅打至细砂糖彻底溶化。蛋白霜成品有光泽、尖角直立。

制作戚风蛋糕面糊
（15 分钟）
15分钟

烤制戚风蛋糕、冷却
（65 分钟）
80分钟

放入 160℃ 的烤箱烤约 35 分钟。

模具倒扣冷却
约 30 分钟。

Point!

混合前再次搅拌

随着时间的流逝，蛋白霜多少会有些消泡。在混入其他材料前，需要用电动打蛋器再次打发。

Point!

用硅胶铲搅拌蛋白霜

用硅胶铲沿着碗底翻拌蛋白霜，快速搅拌。一定要用硅胶铲搅拌。

用硅胶铲翻拌。

Point!

31～32 用电动打蛋器轻轻搅打蛋白霜。

33～34 将一半的蛋白霜加入步骤 20 内，用硅胶铲快速翻拌。

35～37 加入剩下的蛋白霜，轻轻搅拌。如果蛋白霜消泡，戚风蛋糕就失去了特有的蓬松感。在不消泡的前提下，用硅胶铲将面糊搅拌至呈现光泽、可流动的状态。

38～41 戚风模具什么都不要涂，将面糊倒入。将模具端起，从离操作台 10cm 的高处摔下，排出面糊中的空气。

> Point! 需要彻底排净空气。

42 面糊表面平整后，放入烤箱烤制。

43 放入 160℃ 的烤箱烤约 35 分钟。

44 烤好后的状态。用竹签插一下蛋糕，如果未沾上面糊即可出炉。也可以用金属棒插一下，如果刺入的部分烫手就说明烤好了。

45 直接将模具倒扣过来，放置室温下冷却约 30 分钟。

戚风蛋糕的"变身"技巧

戚风蛋糕的可塑性非常大。但是，在添加食材时也要遵循以下法则。

戚风蛋糕脱模

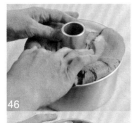

46

47

Point!

一下子快速脱模，蛋糕容易被弄碎

戚风蛋糕脱模时一定不要心急，要一点一点脱模。也不能用小刀等工具粗暴脱模。

48

49

50

51

52

53

46～47 戚风蛋糕冷却约30分钟后，翻过面。沿着模具内侧和外围用手轻轻按压，让蛋糕脱离模具。48 将模具倒扣。

49～50 上下晃动模具，轻轻地脱掉外围模具。51～53 双手从两侧按压戚风模具的底部，轻轻脱掉模具，等蛋糕脱落后再抽出中筒。

固体食材
只要在基础戚风蛋糕分量的基础之上额外加入即可。但是如果加入的食材是含有水分的水果，则容易使蛋糕产生空洞，需要加热后再加入。

巧克力豆

椰蓉

腰果

粉状食材
减少基础戚风蛋糕中低筋面粉的用量，添加其他粉类。一般添加分量约占整体粉类分量的10%。搅拌至整体颜色一致。

芝士粉

可可粉

抹茶粉

液状食材
基础戚风蛋糕中的牛奶可以换成果汁、茶类等。但是，像樱桃白兰地、酒精类液体只需少量加入增添风味即可。

红葡萄酒

咖啡

橙汁

焦糖戚风蛋糕

微苦的味道最适合成年人品尝。

材料（直径 17cm 的蛋糕）

蛋黄…60g（3 个）
色拉油…40g
香草油…2～3 滴
盐…1 小撮
低筋面粉…90g
蛋白霜
　蛋白…90g
　细砂糖…40g
焦糖的材料
　水…90mL
　细砂糖…30g

必备工具
锅 / 碗 / 打蛋器 / 电动打蛋器 / 硅胶铲 / 烤箱 / 烤盘

使用的模具
直径 17cm × 高 8cm 的戚风模具

所需时间
95 分钟

难易度
★★☆

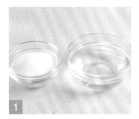

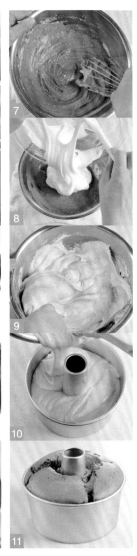

1 制作焦糖戚风蛋糕时，首先用细砂糖和水加热做成焦糖，冷却。在加入低筋面粉前混入蛋糕糊中。制作蛋糕糊时一般不用再加牛奶。

2～4 将 15mL 水和所有细砂糖放入锅内，煮至呈现出深棕色。关火，再加入 75mL 的水，搅拌均匀。然后将锅放入水中冷却。

5～6 按照制作基础款戚风蛋糕的制作步骤，将蛋黄、色拉油、香草油、盐混合均匀。然后将步骤 **4** 的焦糖一点点加入，再加入低筋面粉。

7 搅拌至面糊呈光滑状态。

8～9 另取一只碗制作蛋白霜，然后加入步骤 **7** 中，用硅胶铲搅拌至出现光泽，注意不要消泡。

10 倒入模具中。

11 放入 160℃烤箱烤约 35 分钟，出炉。倒扣冷却，再脱模。

香草茶戚风蛋糕

加入自己喜欢的香草茶，让蛋糕更具新意。

材料（直径 17cm 的蛋糕）

蛋黄…60g（3 个）
色拉油…40g
盐…1 小撮
低筋面粉…90g
蛋白霜
┌ 蛋白…125g
└ 细砂糖…70g
香草茶
┌ 红玫瑰…2 大勺
│ 接骨木花…1 大勺
└ 水…100mL

所需时间
100 分钟

难易度
★★☆

必备工具
锅 / 碗 / 打蛋器 / 电动打
蛋器 / 硅胶铲 / 锥形网筛
/ 研钵 / 研磨杵 / 烤箱 /
烤盘
使用的模具
直径 17cm × 高 8cm 的戚
风模具

1 左边是红玫瑰，右边是接骨木花。可根据个人喜好选择香草茶。香草茶一共有 3 勺，一半加水后同煮，另一半用研钵磨成碎末，直接加入蛋糕糊中。

2 将 1/2 的香草加水煮约 5 分钟。

3 剩下的香草放入研钵中捣成碎末。

4～5 用锥形网筛过滤步骤 **2** 后，放入水中冷却。

6 参照基础款戚风蛋糕的制作步骤，将蛋黄、色拉油、盐混合均匀。然后一点点加入步骤 **5** 的香草茶。

7 借助毛刷将研钵捣碎的香草碎全部倒入碗内。

8～9 充分搅拌后，再加入低筋面粉。

10～11 另取一只碗制作蛋白霜，然后加入步骤 **9** 中，混合均匀后倒入模具中。放入 160℃烤箱烤约 35 分钟，出炉。倒扣冷却，再脱模。

艾蒿戚风蛋糕

充满着健康能量的和风糕点。

材料（直径 17cm 的蛋糕）

蛋黄…60g（3 个）
色拉油…40g
牛奶…80mL
盐…1 小撮
艾蒿粉…10g
低筋面粉…90g
黑砂糖…40g
蛋白霜
 ┌ 蛋白…125g
 └ 细砂糖…30g

必备工具
碗 / 打蛋器 / 电动打蛋器 / 硅胶铲 / 万用网筛 / 烤箱 / 烤盘

使用的模具
直径 17cm× 高 8cm 的戚风模具

所需时间
85 分钟

难易度
★★☆

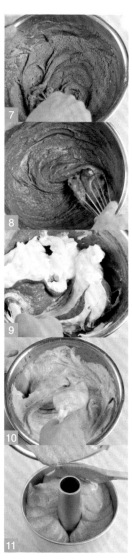

1 这款戚风蛋糕加入了艾蒿粉和黑砂糖。为了调节甜度相应减少了蛋白霜中细砂糖的分量。

2～**4** 将蛋黄、色拉油、牛奶、盐搅拌均匀，然后加入艾蒿粉，充分搅拌。再加入过筛的低筋面粉。

5～**6** 将黑砂糖过筛，并加入步骤 **4** 中。

7～**10** 充分搅拌，然后加入用蛋白和细砂糖制成的蛋白霜。

11 将面糊倒入模具内，放入 160℃的烤箱里烤约 35 分钟。倒扣冷却，脱模。

树莓戚风蛋糕、豆浆甜纳豆戚风蛋糕

随心所欲地组合吧，做一款独一无二的戚风蛋糕！

树莓戚风蛋糕

材料（直径 17cm 的蛋糕）

蛋黄…60g（3 个）
色拉油…40g
牛奶…20mL
树莓酱…50g
盐…1 小撮
低筋面粉…90g
蛋白霜
[蛋白…125g
  细砂糖…70g
树莓干…6g

必备工具
碗 / 打蛋器 / 电动打蛋器 / 硅胶铲 / 网筛 / 烤箱 / 烤盘
使用的模具
直径 17cm × 高 8cm 的戚风模具

豆浆甜纳豆戚风蛋糕

材料（直径 17cm 的蛋糕）

蛋黄…60g（3 个）
色拉油…40g
豆浆…80mL
盐…1 小撮
低筋面粉…90g
蛋白霜
[蛋白…125g
  细砂糖…70g
甜纳豆（混合）…90g

必备工具
碗 / 打蛋器 / 电动打蛋器 / 硅胶铲 / 烤箱 / 烤盘 / 菜刀 / 案板
使用的模具
直径 17cm × 高 8cm 的戚风模具

1 用到了树莓酱和树莓干。

2 先加入牛奶，再加入树莓酱。

3 ~ 5 与蛋白霜混合后，再加入用手掰碎的树莓干，混合均匀。将面糊倒入模具中，放入 160℃烤箱烤约 35 分钟。

所需时间
90 分钟

难易度
★★

所需时间
90 分钟

难易度
★★

1 用豆浆替代牛奶使用。

2 参照 P64 基础款戚风蛋糕的做法，将牛奶换成豆浆。3 ~ 4 将一半的甜纳豆切碎，加入蛋白霜中，搅拌均匀。

5 把剩下的甜纳豆放入模具底部，倒入面糊，再放入 160℃烤箱烤约 35 分钟。

避免制作失败的小妙招

一定不要嫌麻烦，耐心完成细致的制作工序。

鲜奶油水油分离

用冰水冷却至5℃以下

将放置室温下的鲜奶油打发，非常容易出现水油分离的情况。因此，需要提前将鲜奶油放在冰箱内冷藏，打发时再放在冰水中边冷却边搅打。

面团一揉就松弛

手放入冷水中冷却

揉曲奇面团或派面团时，因为双手温度较高容易导致面团松懈，所以最好将双手放入冷水中冷却一下，擦干后再开始揉面。

粉类有小疙瘩

需充分过筛

低筋面粉等粉类在混入蛋糕面糊前，需要用网眼细腻的锥形网筛或万用粉筛充分过筛。如果直接加入，面粉里的颗粒就会混入其中。

曲奇面团有裂痕

再度团成面团

曲奇面团放在冰箱内冷藏后取出，擀制的时候非常容易产生裂痕。可以撒上少许手粉重新团回面团后再擀制。

黄油不够软

用温水暖一下

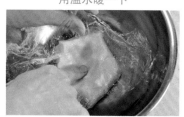

如果黄油放置室温下还有些硬时，可以用保鲜膜裹住，用手指按压，然后放到温水里热一下。

制作前的准备工作可以有效避免手忙脚乱或制作失败

制作过程中遇到的失误都是造成失败的元凶。为了让制作更顺畅，制作前需要按照以下几点做好准备工作。

①**称量好材料**。将所有材料都提前称量好备用，再按照用途区分摆放，比如用于糕点糊、用于奶油、用于装饰等。②**准备好模具和烤盘**。糕点制作的铁规就是做好后立即放进烤箱烤。模具内刷上一层黄油或者铺上烤盘纸等工序都要提前准备，这样才能在第一时间就将做好的蛋糕糊倒入模具中。③**做好隔水加热或冷却的准备**。提前烧开用于隔水加热的水，做好用于冷却的冰块。这样才可以随时应对制作过程中快速调整温度的状况。

此外，提前预热烤箱也是非常重要的步骤。需要提前计算好什么时候开始预热烤箱。

舒芙蕾奶酪蛋糕

质地绵软，入口弥漫着奶酪香气。

舒芙蕾
奶酪蛋糕

材料（直径 15cm 的蛋糕）

海绵蛋糕的材料
- 鸡蛋…100g（2 个）
- 细砂糖…60g
- 低筋面粉…60g
- 黄油…20g

奶酪糊的材料
- 奶油奶酪…170g
- 细砂糖…40g
- 蛋黄…40g（2 个）
- 玉米淀粉…20g
- 鲜奶油…30g
- 蛋白霜
  - 蛋白…60g（2 个）
  - 细砂糖…30g

镜面果胶的材料
- 杏子果酱…30g
- 水…15mL

必备工具
锅 / 碗 / 托盘 / 打蛋器 /
电动打蛋器 / 硅胶铲 / 刮
板 / 万用网筛 / 烤箱 / 烤
盘 / 烤盘纸 / 冷却架 / 蛋
糕刀 / 毛刷 / 竹签 / 喷枪
/ 温度计

使用的模具
直径 15cm 的海绵蛋糕
盘，直径 15cm、高 4.5cm
的慕斯圈

所需时间
230 分钟

难易度
★★☆

| 用烤盘纸包裹住 慕斯圈（5 分钟） | 5分钟 | 制作海绵蛋糕（15 分钟） |

用烤盘纸包裹住慕斯圈

制作海绵蛋糕

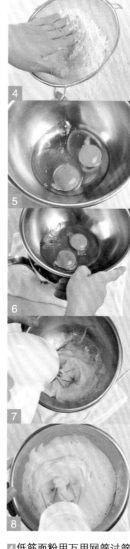

1～**2** 参照 P93，用烤盘纸
将慕斯圈包裹好，做成模
具底。

3 黄油隔热水加热至融化。
※ 开始预热烤箱至 180℃。

4 低筋面粉用万用网筛过筛
备用。

5 将鸡蛋打入碗内。

6～**8** 蛋液内加入细砂糖，
然后一边放入 50℃热水里
隔水加热，一边用电动打
蛋器高速搅拌。移开热水，
碗稍微倾斜，继续搅打至蛋
液变白、蓬松。碗底可以铺
一条抹布固定。

9 将牙签插入 1.5cm 深，
如果牙签直立不倒，就说
明打发完成。

10～**12** 将低筋面粉撒入碗
内。用硅胶铲沿着碗底翻
拌至面糊呈现出光泽。

13 将融化的黄油沿着硅胶铲
缓缓流入面糊中，流满整
个表面。

冷却约 30 分钟。

Point!

如何切海绵蛋糕呢？

不要用蛋糕刀用力切，而是从一开始就像画线似的慢慢分割。

放入 180℃的烤箱烤约 25 分钟。

1

在烤盘纸上画一个比模具大一圈的圆形。

2

用剪刀沿着画好的线裁剪烤盘纸。

3

测量模具侧面高度和模具周长，然后在烤盘纸上压出印迹。

4

之后用剪刀剪出高约 2mm 的切口。

5

用毛刷在模具内侧刷上一层黄油。

6

将内侧烤盘纸放入模具，注意将剪出切口的一侧朝下贴紧模具底部。

7

底部也铺上烤盘纸。烤盘纸需要展平，不要有褶皱。

14～16黄油搅拌均匀后，面糊就做好了。将面糊倒入模具内，端起烤盘，同时用手指按压住模具，从离操作台 10cm 的高处向下轻轻摔几下，排出面糊中的大气泡。

17放入 180℃的烤箱烤约 25 分钟。

18用竹签插一下中心，如果没有沾上面糊就说明烤好了。

19倒扣到冷却架上。前 1～2 分钟可以稍微移动一下蛋糕，防止粘连到冷却架上。

20～21海绵蛋糕冷却约 30 分钟，撕下烤盘纸。

22将蛋糕刀插入模具与蛋糕之间，旋转模具一圈，然后脱模。

23～24一边旋转海绵蛋糕，一边切下厚 1.5cm 的薄片。

25参照右侧在模具内铺上烤盘纸，然后将切下来的海绵蛋糕薄片放入模具内。

※ 剩下的海绵蛋糕不再用于本款蛋糕的制作。

制作奶酪糊

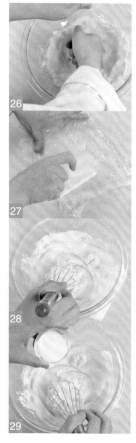

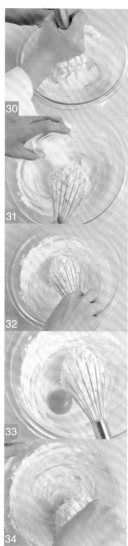

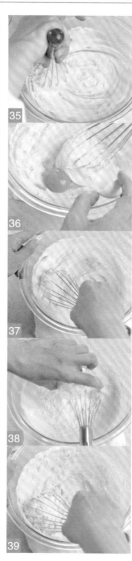

26 将奶油奶酪放置室温下软化。

27 用刮板刮净粘在保鲜膜上的奶油奶酪。

28～29 一边用打蛋器搅打奶油奶酪，一边少量多次地加入细砂糖。

30～32 为了让细砂糖充分溶化，可以用打蛋器研磨式搅打。

33～34 加入20g（约1个）蛋黄，继续用打蛋器搅拌均匀。

35～37 蛋黄充分搅拌后，再加入剩下的蛋黄，然后再充分搅拌均匀。

38～39 加入玉米淀粉，用打蛋器搅拌至没有干粉，面糊光滑。

※ 开始预热烤箱至150℃。

40 一点点加入鲜奶油，然后再加入柠檬汁。

41 用手捋下粘在打蛋器线条上的奶酪。

42～44 打发蛋白。先将蛋白搅打至蛋白出现尖角后，再加入细砂糖（图片中用的是手动打蛋器，也可以用电动打蛋器搅打）。

76

45

46

47

48

蛋白霜消泡了。

49

50

51

52

53

放入冷水中冷却。

放入 150℃的烤箱烤 30 ～ 40 分钟，再用 200℃烤约 5 分钟。

54

冷却后再放入冰箱冷藏。

Point!
如果消泡了，
做好的蛋糕就不松软

用打蛋器搅拌混合蛋白霜时，一定要注意不要消泡。

涂上镜面果胶

55

56

57

58

45 继续充分搅拌。

46 提起打蛋器，如果蛋白霜尖角直立，就说明打发完成。

47 先舀少量蛋白霜加入步骤41中，充分搅拌均匀。

48 然后再加入剩下的蛋白霜，快速搅拌。

49 将奶酪面糊倒入装着海绵蛋糕的模具内。

50 用刮板刮平表面。

51 将模具放入铺好烤盘纸的托盘上，然后往托盘内注入热水，再放入150℃烤箱烤 30 ～ 40 分钟，等中心烤透后再用200℃烤约 5 分钟。

52 烤制蛋糕表面呈金黄色后，用竹签插一下，如果竹签未沾上面糊就说明烤好了。

53 将模具放入装有冰水的托盘冷却。

54 之后，再将模具放入冰箱充分冷却。

55 将蛋糕刀插入烤盘纸与模具之间，旋转模具一圈，脱模。

56 撕下烤盘纸，将蛋糕放到盘子里。

57 然后用毛刷在蛋糕表面刷上用杏子果酱与水熬成的镜面果胶刷。

58 涂抹均匀后，再用喷枪快速烧一下。

烤奶酪蛋糕

一款芝士风味浓郁醇厚的蛋糕。

材料（直径15cm的蛋糕）

海绵蛋糕的材料
- 黄油…65g
- 盐…1小撮
- 糖粉…35g
- 蛋液…15g
- 低筋面粉…120g

奶酪糊的材料
- 奶油芝士…250g
- 细砂糖…70g
- 鸡蛋…100g（2个）
- 玉米淀粉…25g
- 鲜奶油…200g

必备工具

锅/碗/托盘/打蛋器/硅胶铲/擀面杖/万用网筛/烤箱/烤盘/烤盘纸/保鲜膜/温度计

使用的模具
直径15cm的海绵蛋糕盘，直径15cm、高4.5cm的慕斯圈

所需时间	难易度
135分钟	★★☆

※ 不包括冷却时间。

制作海绵蛋糕

放入冰箱松弛约30分钟。

1 将黄油放在室温下软化后，与盐、糖粉一起放入碗内，用打蛋器充分搅拌。

2~3 在22～23℃的温度下，蛋液会更容易搅拌，要一点点加入蛋液。

4 加入低筋面粉，用硅胶铲搅拌成面团。

5~6 用保鲜膜包裹住面团。

7 用擀面杖把面团擀成厚1cm的薄饼。薄一些可以更迅速地冷却。

8 将面团放入托盘，再放入冰箱冷藏约30分钟。

放入 180℃的烤箱烤约 10 分钟。

放入 180℃的烤箱烤约 5 分钟。

制作奶酪糊

放入 165℃的烤箱烤约 50 分钟。

9～10 取出面团，用擀面杖将其擀得比慕斯圈稍大些。

11 将面团放到烤盘纸上，为了防止烤制时膨胀，可以用叉子插上很多小洞，并用慕斯圈印出印迹。

12 放入冰箱松弛约 15 分钟。

※ 开始预热烤箱至 180℃。

13 取出面团并放入 180℃的烤箱烤约 10 分钟。

14 用慕斯圈压出圆形面皮。

15 裁剪出一张与海绵蛋糕模具底部大小一致的烤盘纸，铺到模具内。

16 放入面皮，再放入 180℃的烤箱烤约 5 分钟。

※ 开始预热烤箱至 165℃。

17 碗内放入奶油奶酪和细砂糖，搅拌均匀后加入鸡蛋。

18 充分搅拌均匀后再加入玉米淀粉，充分混合。

19 一点点加入鲜奶油。

20 将芝士面糊倒入步骤16 的模具内，用刮板刮平表面。

21 放入 165℃的烤箱烤约 50 分钟。

22 用竹签插一下，如果什么都没有沾上就说明烤好了。

23 将模具放入托盘内，再向托盘内注入冰水，冷却蛋糕。

24 蛋糕刀插入模具与蛋糕之间，旋转一圈，脱模。

半熟芝士蛋糕

推荐不喜欢吃甜食的人尝尝这款蛋糕。

材料（直径 15cm 的蛋糕）

海绵蛋糕的材料
- 黄油…30g
- 糖粉…15g
- 盐…1 小撮
- 蛋液…8g
- 低筋面粉…50g
- 溶化的黄油…20g

奶酪糊的材料
- 奶油奶酪…250g
- 细砂糖…75g
- 原味酸奶…180g
- 鲜奶油…120g
- 柠檬汁…10mL
- 吉利丁片…8g

装饰材料
- 红葡萄酒…100mL
- 细砂糖…20g
- 丁香…1 根
- 肉桂…1/2 根
- 琼脂粉…1g

必备工具

锅 / 碗 / 托盘 / 打蛋器 /
硅胶铲 / 刮板 / 擀面杖 /
万用网筛 / 铁板 / 烤箱 /
烤盘 / 烤盘纸 / 菜刀 / 案
板 / 网 / 抹布 / 保鲜膜 /
保鲜袋

使用的模具
直径 15cm 的慕斯圈

所需时间
150 分钟

难易度
★★☆

制作海绵蛋糕

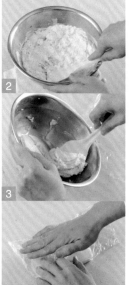

放入 180℃的烤箱烤约 20 分钟。

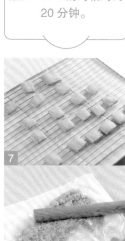

1 用打蛋器搅打室温下变软的黄油，充分搅拌后加入糖粉和盐，搅打至整体泛白后一点点倒入蛋液。

2～**3** 加入过筛的低筋面粉，用硅胶铲搅拌到一起。

4 团成面团后裹上保鲜膜，用擀面杖擀薄至 5mm，放入冰箱冷藏约 30 分钟。

5 用刮板将冷却好的面团切成 3cm 的小块。

6 将小块面团放在铺着烤盘纸的烤盘上，在 180℃的烤箱中烤约 20 分钟。

7～**8** 烤好后，冷却，装入保鲜袋内，底下垫上一块抹布，用擀面杖敲碎。

制作奶酪糊

放入冰箱冷藏
约 60 分钟。

9 向步骤8内加入溶化的黄油，并揉匀。

10 把慕斯圈放在比它大一圈的圆形铁板上，并将步骤9平铺于底部。

11 放入冰箱冷藏。

12 托盘内盛入冰水，放入吉利丁片泡发。

13～15 用打蛋器搅打奶油奶酪，然后依次加入细砂糖、原味酸奶、鲜奶油、柠檬汁，用打蛋器充分混合。

16 将步骤12的吉利丁片挤干水分，隔热水溶化。

17 向步骤16加入少量步骤15，稀释吉利丁液，降低凝固度。

18 将步骤17倒回奶酪糊内，混合均匀后倒在冰箱内冷藏好的步骤11。

19 用刮板刮平表面。

20 放入冰箱冷藏约60分钟。

21 将红葡萄酒、细砂糖、丁香、肉桂、琼脂粉放入锅内，一边搅拌一边加热。

22 琼脂粉溶化后，用锥形网筛过滤到托盘内。

23 将托盘放入冰水中冷却约30分钟。

24 凝固后，切成5mm的小丁。

25 将步骤24和细叶芹装饰到冷却好的蛋糕上。

26 用热毛巾包裹住慕斯圈，蛋糕外圈稍微溶化后即可脱模。

西番莲半熟芝士蛋糕

一款色彩明快口味清爽的蛋糕。

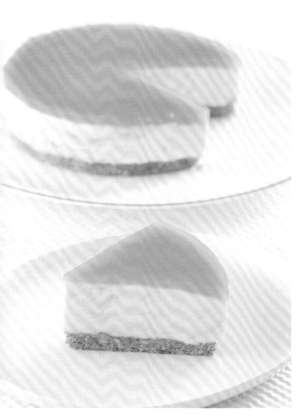

制作饼干底

制作奶酪糊

材料（直径 15cm 的蛋糕）

饼干底的材料

- 全麦饼干…80g
- 黄油…40g

奶酪糊的材料

- 奶油奶酪…250g
- 细砂糖…75g
- 原味酸奶…150g
- 鲜奶油…120mL
- 西番莲果酱…150g
- 吉利丁片…12g

必备工具

锅 / 碗 / 托盘 / 打蛋器 /
硅胶铲 / 刮板 / 铁板 / 抹
布 / 保鲜膜 / 保鲜袋 / 擀
面杖

使用的模具

直径 15cm 的慕斯圈

所需时间	难易度
70分钟	★★☆

1 将黄油隔热水加热至溶化。

2 把全麦饼干放入保鲜袋
内，底下垫上抹布，用擀面
杖敲碎。

3～**4** 在碎饼干中加入溶化
的黄油，用手揉匀。

5～**6** 将慕斯圈放到铁板
上，然后铺入黄油饼干混
合物，压平。

7 放入冰箱冷藏。

8 托盘内盛入冰水，然后将
吉利丁片放入冰水中泡发。

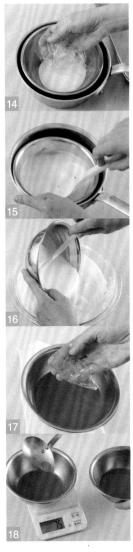

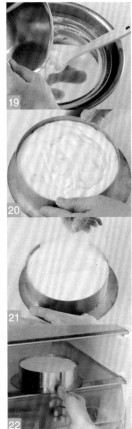

放入冰箱冷藏
约 30 分钟。

放入冰箱冷藏
约 10 分钟。

9 用打蛋器充分搅拌室温下变软的奶油奶酪。

10～11 把细砂糖倒入奶油奶酪中，充分搅拌均匀。

12～13 向奶油奶酪中一点点加入原味酸奶和鲜奶油，继续混合均匀。

14～16 取少量步骤13放入另一个碗内，然后加入一半的吉利丁片，隔热水加热，搅拌均匀后再倒回步骤13内。

17 将西番莲果酱隔热水加热，趁热加入剩下的吉利丁片。吉利丁片溶化后再放入冰水中冷却。

18 预留出 75g 步骤17。

19 将步骤18 的 75g 果酱加入奶酪糊中。

20～21 稍微搅拌几下，保持大理石花纹，直接倒入冷却好的步骤7 上，用刮板刮平表面。

22 放入冰箱冷藏。

23 如果剩下的果酱凝固了，可以隔热水稍微加热至溶化。

24 向冷却好的步骤22 上倒入果酱。

25 继续放入冰箱冷藏约 30 分钟。

26 用热毛巾包裹住慕斯圈，蛋糕外圈稍微溶化后即可脱模。

方便的松饼粉

适合制作各种小点心的魔法面粉!

杏仁曲奇

材料（30块）

松饼粉…175g、黄油…100g、糖粉…50g、蛋黄…20g（1个）、杏仁…60g

做法

❶ 将黄油放入碗内，搅打成奶油状后加入糖粉，用打蛋器研磨式搅拌。然后加入蛋黄，搅拌均匀。

❷ 把松饼粉、切碎的杏仁放入①中，稍微搅拌一下。

❸ 将步骤②团成面团，然后擀成厚5mm的薄饼，放入冰箱松弛约30分钟。

❹ 用模具压成饼干形状，放入170℃的烤箱烤约15分钟。

苹果红薯蒸糕

材料（10个）

松饼粉…200g、红薯…80g、苹果…80g、黄油…2大勺、细砂糖…2大勺、水…3大勺，A｜鸡蛋…50g（1个）、牛奶…100mL、色拉油…3大勺

做法

❶ 苹果去皮、红薯带皮切成1cm的小块。

❷ 平底锅内放入黄油，加热溶化后翻炒步骤①。加入细砂糖和水，小火煮透。盛到容器内，冷却。

❸ 将材料A放入碗中搅匀，与松饼粉混合好后加入步骤②。

❹ 将步骤③倒入蛋糕杯内，用蒸锅蒸约12分钟。

蛋糕卷

材料（4个）

松饼粉…200g、鸡蛋…100g（2个，蛋黄与蛋白分开）、牛奶…140mL、黄油…适量、鲜奶油…150mL、草莓酱…1大勺、草莓…适量

做法

❶ 先搅拌蛋黄和牛奶，然后分2～3次加入松饼粉，混合均匀。

❷ 打发蛋白，与步骤①混合。

❸ 平底锅内放入适量黄油加热，黄油溶化后，倒入1/4的面糊，小火慢煎。

❹ 表面开始冒气泡后，翻面。烙至两面金黄后对折，出锅冷却。

❺ 打发鲜奶油，加入草莓酱搅拌均匀。

❻ 蛋卷冷却后，夹上步骤⑤的奶油和草莓，再筛上少许糖粉。

松饼粉到底是什么？

不同生产厂商的配料不尽相同，一般都是在低筋面粉的基础上加入适量泡打粉，以及各种糖类、油脂、盐、香料混合而成。

既美味又方便，可以做成各种糕点

大多数制造商售卖松饼粉都是为了用于制作松饼，除了能制作上述几款糕点，还可以用于制作甜甜圈、法式薄饼等。

使用前需要确认松饼粉的基础配料。松饼粉中含有低筋面粉、砂糖、植物油、泡打粉等。因此，再加入其他材料，改变一下制作步骤就可以用来制作糕点了。

松饼粉最具魅力的优势在于降低了制作失败率、精简了制作工序。因为松饼粉中含有泡打粉，即使过度搅拌，做出来的糕点仍会非常蓬松，而且松饼粉的粉质细腻，不需要过筛。不过，如果加入了可可粉容易产生颗粒，这时就需要过筛后再使用了。

Sachertorte

萨赫蛋糕

口感醇厚的巧克力，令人垂涎欲滴。

萨赫蛋糕

材料（直径 18cm 的蛋糕）

巧克力蛋糕的材料
- 黄油…60g
- 细砂糖…30g
- 盐…1 小撮
- 蛋黄…60g（3 个）
- 黑巧克力…75g
- 低筋面粉…40g
- 杏子果酱（过筛）…50g

蛋白霜
- 蛋白…90g
- 细砂糖…30g

镜面果胶的材料
- 杏子果酱（过筛）…200g
- 柠檬汁…1 小勺

淋面的材料
- 水…50mL
- 细砂糖…100g
- 黑巧克力…120g

必备工具
锅 / 碗 / 打蛋器 / 电动打蛋器 / 硅胶铲 / 万用网筛 / 锥形网筛 / 烤箱 / 烤盘 / 烤盘纸 / 蛋糕刀 / 抹刀 / 冷却架 / 温度计

使用的模具
直径 18cm 的慕斯圈

所需时间
130 分钟

难易度
★★☆

制作巧克力蛋糕

Point!
发蜡状到底是什么状态呢？
发蜡状的黄油就是软得像奶油状的黄油，但是也不能太软。

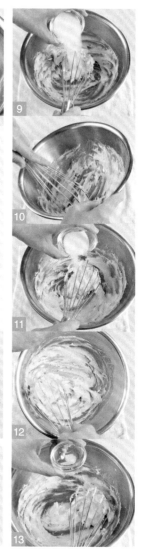

1～**3** 将切碎的巧克力放入碗内，然后放入 50℃ 的热水内隔水加热至融化。
4 将蛋黄与蛋白分离，并放置在不同的碗里。
※ 开始预热烤箱至 160℃。

5 蛋白用于制作蛋白霜。
6 用万用网筛过筛低筋面粉。
7 参照 P93 用烤盘纸将慕斯圈包裹好，做成模具底。
8 将黄油放在室温下变软，用打蛋器搅打成发蜡状。

9～**12** 加入一半的细砂糖，用打蛋器研磨式搅拌，搅拌均匀后再加入剩下的细砂糖，一直搅拌至整体泛白。
13 加入 1 小撮盐。

Point!

充分混合巧克力
和黄油

搅拌巧克力时，可以把碗稍
微倾斜，用打蛋器画大圈式
搅拌。

搅拌至奶油状。

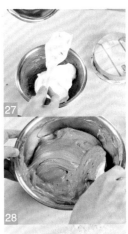

14～17加入一个蛋黄，搅拌均匀。充分乳化后再加入一个蛋黄，继续搅拌。重复此步骤，一共放入3个蛋黄。

18倒入步骤3隔热水溶化的巧克力。

※高温的巧克力会溶化黄油。因此，只要巧克力加热至非固体状后就立即移开热水。

19充分混合巧克力和黄油，搅拌成光滑的奶油状。

20～21用电动打蛋器高速搅打蛋白。等蛋白稍微出现尖角后加入1/3的细砂糖，继续搅拌。与碗壁处接触的蛋白霜特别容易消泡，需时不时用硅胶铲刮净碗壁再搅拌。

22出现纹路细腻的尖角直立后，加入1/3的细砂糖，继续搅拌。

23搅拌至蛋白霜呈现光泽，再加入剩下的细砂糖，直到蛋白霜有硬度即可停止搅拌。

24～26舀一铲步骤23中的蛋白霜放到步骤19内，用打蛋器搅拌均匀。

27～28然后再向步骤26中加入剩下的蛋白霜，用硅胶铲快速搅拌，注意不要消泡。

29～31将低筋面粉整体撒入，用硅胶铲沿着碗底翻拌均匀。

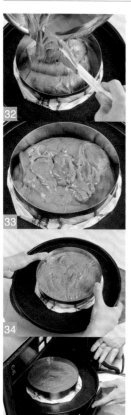

抹上果酱

冷却约 30 分钟。

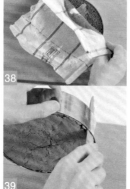

放入 160℃的烤箱烤约 40 分钟。

32～34将步骤7的慕斯圈放到烤盘上，然后倒入巧克力蛋糕糊，双手端起烤盘，拇指压住慕斯圈，从离操作台 10cm 的高处向下轻轻摔打，震平表面。

35放入 160℃的烤箱烤约 40 分钟。

36～37用竹签插一下，如果没有沾上任何东西就说明烤好了。然后将蛋糕从离操作台 10cm 的高处向下摔，这样蛋糕体会更稳定。翻面放置阴凉处冷却约 30 分钟。

38撕下烤盘纸。

39把蛋糕刀插入模具与蛋糕之间，旋转一周，脱模。

40翻面，切去边角多余的部分，修整好形状。

41～42将蛋糕分切成两半。

43等杏子果酱加热变软后，抹在蛋糕切面上。

44～46抹匀杏子果酱后盖上另一片蛋糕片。

47将制作镜面果胶的杏子果酱放入锅内加热。

49

表面淋上巧克力

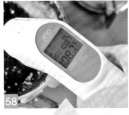
58

60

50

54

Point!

巧克力需加热至 108℃

如果巧克力没有正确加热，就达不到丝滑的口感。温度过低或过高都不可以。一定要用温度计严格测量。

如果温度太低，口感就不会丝滑。

温度也不能超过 110℃。

61

51

55

62

52

56

59

63

53

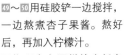

57

64

49～50 用硅胶铲一边搅拌，一边熬煮杏子果酱。熬好后，再加入柠檬汁。

50 将巧克力蛋糕放在托盘内的冷却架上。上图中的巧克力蛋糕放在了倒扣着的蛋糕模具上。

51～53 用抹刀在蛋糕上涂抹步骤 49 的镜面果胶，放在常温下冷却。

54～57 将水与细砂糖放入锅内，煮沸后关火。加入切碎的黑巧克力，搅拌至融化。

58 再开火加热至 108℃。

59 将一半巧克力倒在操作台上。一边刮拌开，一边冷却，让巧克力变得黏稠。

60 等巧克力产生一颗颗的小结晶后再放回锅内。

61～63 待步骤 53 的表面凝固后，将巧克力液快速淋到蛋糕表面，用抹刀涂抹均匀。一般淋面工序需要花费 2～3 分钟。

64 稍微冷却后再放入冰箱充分冷却凝固。

巧克力蛋糕

质地绵润口感醇厚的巧克力蛋糕

制作蛋糕

5

6

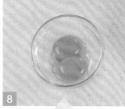

7

8

材料（直径 15cm 的蛋糕）

黑巧克力…110g

黄油…40g

蛋黄…40g（2 个）

细砂糖…35g

鲜奶油…45g

蛋白霜

  [蛋白…60g（2 个）

  [细砂糖…35g

低筋面粉…10g

可可粉…20g

糖粉…适量

必备工具

锅 / 碗 / 打蛋器 / 硅胶铲 / 万用网筛 / 糖粉筛 / 烤箱 / 烤盘 / 烤盘纸 / 菜刀 / 案板 / 冷却架 / 保鲜膜 / 温度计

使用的模具

直径 15cm 的慕斯圈

Point!

如果鸡蛋大小不一，重量会出现差错

S 码鸡蛋的蛋黄较大，M 码鸡蛋的蛋白较多，称量的时候需要注意。

1 参照 P93 用烤盘纸将慕斯圈包裹好，做成模具底。

2～**4** 将低筋面粉与可可粉混合均匀，并用万用网筛过筛。

5 将巧克力切成碎末。

6～**8** 将鸡蛋打入碗内，取出蛋黄，轻轻地拽下蛋黄表面上的带状物（也叫卵带）。蛋白用于制作蛋白霜。

所需时间

220分钟

难易度

★★☆

※ 不包括冷却时间。

Point!

如果水温过高，
会影响巧克力的风味

隔水加热时，如果水温过高不仅会减弱巧克力的风味，还会令随后加入的蛋黄因此凝固。

Point!

严格执行添加
巧克力的顺序

如果这个阶段巧克力出现了水油分离，烤好的蛋糕会产生空洞。所以，一定要充分搅拌。

搅拌至细滑的状态。

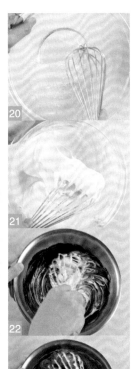

Point!

先加蛋白霜再加粉类

先加入少量蛋白霜，用打蛋器搅拌均匀，然后再加入粉类，这样蛋糕会更蓬松。

9 向切碎的巧克力内加入黄油。

10～11 将盛着巧克力和黄油的碗放入 50～55℃的热水内隔水加热。

※ 开始预热烤箱至170℃。

12～14 黄油溶化后，移开热水。用打蛋器搅打，然后加入步骤 8 的蛋黄，继续搅拌均匀。

15～16 加入细砂糖，用打蛋器研磨式搅拌。

17～18 加入鲜奶油，用打蛋器搅拌至光滑细腻的状态。

19 如果奶油温度太低，容易导致巧克力凝固。这种情况下须隔水加热，然后充分搅拌均匀，之后移开热水。

20～21 用打蛋器搅打至蛋白出现小尖角后，分三次加入细砂糖，充分搅打成质地细腻的蛋白霜。

22～23 用打蛋器舀少许蛋白霜加入步骤 19 的碗内，搅拌均匀，之后拿走打蛋器。

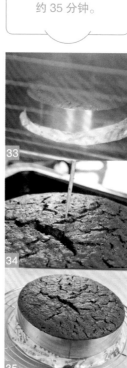

放入 170℃的烤箱烤
约 35 分钟。

放入冰箱冷藏约
3 小时。

Point!
**注意蛋白霜
不能消泡**
搅拌时如果蛋白霜消泡了，
烤好的蛋糕会塌陷。

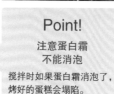

冷却约 60 分钟。

24～25 将过筛的可可粉与低
低筋面粉加入步骤 23 的碗
内，用硅胶铲搅拌至没有
干粉。
26～28 加入剩下的蛋白霜，
用硅胶铲沿着碗底翻拌，
注意不要消泡。

29～31 将面糊倒入裹好烤盘
纸的慕斯圈内，用硅胶铲
抹平表面。然后端起烤盘
往铺着抹布的桌子上磕几
下，排出面糊中的空气。
32 放入 170℃的烤箱烤约
35 分钟。

33～35 用竹签插一下，如果
没有沾上任何东西就说明
烤好了。直接放在冷却架上
冷却约 60 分钟。过一段时
间，蛋糕中央如果凹陷下
去，就表示制作很成功。

36～37 将蛋糕放到托盘上，
盖上保鲜膜，放入冰箱冷
藏约 3 小时。
38 撕下烤盘纸，把蛋糕刀插
入模具与蛋糕之间，旋转
一圈，脱模。
39 用糖粉筛在整个蛋糕上筛
上糖粉。

用烤盘纸包裹慕斯圈的方法

下面介绍如何用慕斯圈制作一个模具底。

将烤盘纸裁剪成
合适大小。

用烤盘纸包裹住
慕斯圈。

01 展开烤盘纸，将慕斯圈放在
中央。

02 折成上下比慕斯圈直径多
3cm、左右比慕斯圈直径多
5cm的长方形。

03 沿着折痕裁剪烤盘纸。

04 剪好的烤盘纸翻面朝上，放上
慕斯圈。

一边旋转慕斯圈，一边将侧面的烤盘纸折成褶子裹住慕斯圈。这时，慕斯
圈须紧贴烤盘纸，折的时候用一只手固定。

折到最后怎么办？

折完一圈后，将烤盘纸剩余的褶皱
部分向内折叠。

Point!

折到最后要将烤盘纸向里折。折
得厚一些，避免脱落。

完成！

裹完一圈后，用双手轻轻按压整
理出形状。一定要先将慕斯圈放
在烤盘上，再倒入蛋糕糊。

用于糕点制作的巧克力

选择合适的糕点专用巧克力

种类	苦巧克力	甜巧克力	牛奶巧克力	白巧克力
可可液块	多	○	○	×
可可脂	○	○	○	○
砂糖	少	○	○	○
乳脂	×	×	○	○
特征	一款甜度比甜巧克力低的巧克力。因为可可成分含量高，色泽深，还被称作"黑巧克力"。	最普通的一款巧克力。可可含量较高，不含砂糖，因此巧克力原本的风味较强，微苦。制作糕点最常用的就是这款巧克力。	相比甜巧克力，它的可可成分含量较少，而乳脂含量较高。巧克力中的乳脂一般用的都是全脂奶粉、脱脂奶粉或奶油粉。苦味较弱、口感温和。	成分中没有一点可可液块，整体呈纯白色，因此也没有巧克力的风味。相比牛奶巧克力，白巧克力的乳脂含量更高，口感也更温和。

淋面巧克力

也叫西式生巧克力。用椰子油替代部分可可脂。不需要调温可直接使用。

可可粉

可可液块提取出可可脂后剩下的粉末状物质。有的可可粉添加了砂糖，但是糕点制作选用的都是无糖可可粉。

可可液块

制作巧克力的原料。没有添加砂糖，一点甜味都没有。想增强糕点的巧克力风味时可酌情添加。

巧克力出现霜花现象时，表示品质开始变差

　　巧克力要储存在温度20℃左右的场所，避免温度急剧变化可有效防止巧克力表面出现白色线条，也就是起霜现象。

　　巧克力中的可可脂在温度达到28℃的时候开始溶化。如果将巧克力放置在高于这个温度的场所，就会分离出可可脂，可可脂遇冷后则会在表面形成白色的结晶（油脂霜）。如果巧克力一直待在较冷的地方，忽然将其移至高温处时，它的表面就会结露形成露珠。巧克力中的糖分被溶出，当水分蒸发完的时候，糖分就会留在巧克力表面形成糖霜。

　　起霜的巧克力不容易溶化，而且口感干巴巴的，风味也会受到影响，因此一定要妥善储存巧克力。

Cherry pie

樱桃派

一款加入大颗樱桃、散发着浓浓美式风味的甜点。

Cherry pie

樱桃派

材料（直径 20cm 的派）

快手派皮的材料
- 低筋面粉…75g
- 高筋面粉…75g
- 盐…1 小撮
- 黄油…110g
- 冷水…75mL

内馅的材料
- 鸡蛋…50g（1 个）
- 细砂糖…30g
- 杏仁粉…15g
- 鲜奶油…100g

黑樱桃（罐头）
…300g（净重）
樱桃利口酒…1 大勺

必备工具
锅 / 托盘 / 打蛋器 / 硅胶铲 / 刮板 / 擀面杖 / 万用网筛 / 尺子 / 烤箱 / 烤盘 / 菜刀 / 案板 / 勺子 / 毛刷 / 保鲜膜 / 铝箔纸 / 花边夹
使用的模具
直径 20cm 的派盘

所需时间
245分钟

难易度
★★★

※ 不包括处理黑樱桃的时间。

准备黑樱桃

| 混合黑樱桃与樱桃利口酒 | 制作快手派皮 |

Point!

材料提前冷却备用

为了避免黄油融化，材料需全部放在冰箱内充分冷藏。还需降低手温和室温。

1~2用笊篱捞出黑樱桃，沥干水分。
3~4在黑樱桃上倒入樱桃利口酒，用硅胶铲搅拌均匀，腌制半天。

5~6将放在冰箱内冷藏过的黄油切成 2cm 的小块。
7将低筋面粉与高筋面粉一起用万用网筛过筛到操作台上。

8在过筛后的面粉中加入盐。
9~12加入步骤⑥的黄油，用刮板快速翻拌黄油与面粉。

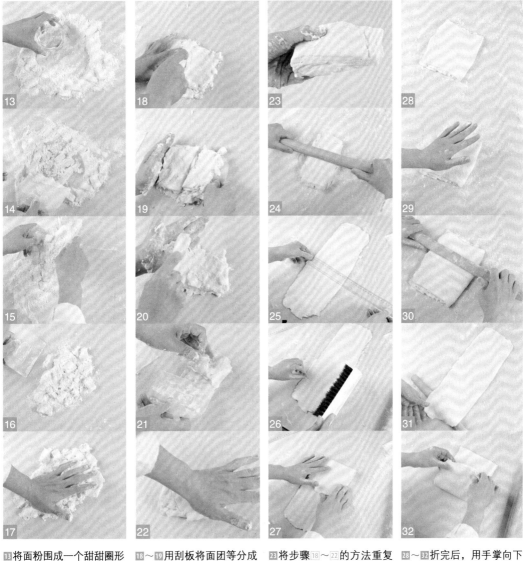

13 将面粉围成一个甜甜圈形状，在中央位置倒入凉水。

14~16 用刮板将周围的面粉与水混合，可以用两个刮板大幅度搅拌。

17 搅拌均匀后，将面聚集到一起，再用手从上往下按压，揉成一团。

18~19 用刮板将面团等分成两份。

20 用刮板刮净沾在手上的面团。

21~22 将等分后的面团重叠到一起，再用手掌从上往下用力按压。

23 将步骤 18~22 的方法重复五次，最后团成面团。撒上手粉（另备高筋面粉），用擀面杖将叠好的派皮擀薄。

24~26 擀成长30cm×宽10cm 的长方形，用毛刷刷净多余的面粉。

27 从两端向中间折三折。

28~32 折完后，用手掌向下按压。将面团旋转90°，用擀面杖擀成长 30cm×宽10cm 的长方形，用刷子刷净多余的面粉。再从两端往中间折三折。

33

34

37

38

Point!

用手指按出印确认层数

为了确认折叠次数，每折三次用手指按一次手印。按出四个手印就说明折过四次了。

用手指轻轻压出印。

44

45

> 放入冰箱松弛约30分钟。

> 放入冰箱松弛约30分钟。

> 制作内馅

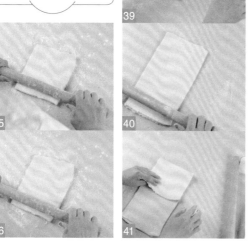

35

36

39

40

41

42

43

46

47

33～34 为了防止干燥，用保鲜膜包住面团，放在托盘内再放入冰箱冷藏约30分钟，充分松弛。

35～36 在操作台上撒上适量手粉（另备高筋面粉），去掉派皮的保鲜膜，将派皮有层次的那侧靠近自己，用擀面杖擀制。

37～39 擀成长30cm×宽10cm的长方形，用刷子刷净多余的面粉，再从两端往中央折三下。

40～41 转动派皮的方向，继续用擀面杖擀制，并折三下。然后用保鲜膜包住放入冰箱冷藏约30分钟。

42～43 在操作台上撒上适量手粉（另备高筋面粉），去掉派皮的保鲜膜，放在操作台上。将派皮一边按照前后左右正反的顺序移动，一边用擀面杖擀成25cm×25cm的正方形。

44～45 将派盘放到派皮上，确定派皮比派盘大一圈即可。然后将面团放到平整的器具上，裹上保鲜膜，放入冰箱松弛。

46 将杏仁粉用万用网筛过筛。

47 将鸡蛋打入碗中，并用打蛋器打散。

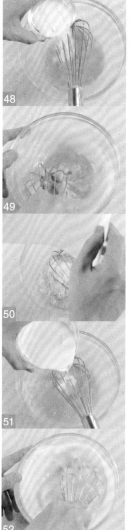

派皮放入派盘内、倒入内馅

Point!

剩余的派皮怎么处理？

快手派皮可以放在冰箱内保存2～3天。可以加上奶酪或香肠，用电烤炉烤熟后当作小零食或下酒小菜。派皮冷冻后状态会变差，所以最好尽快用完。

将剩下的派皮团成一团，用擀面杖擀平整后，用保鲜膜包裹后保存。

放入210℃的烤箱烤约10分钟，再用190℃烤约25分钟。

48～49 加入细砂糖，搅拌均匀。

50 加入杏仁粉，继续搅拌。

51～52 倒入鲜奶油，用打蛋器充分搅拌。

※ 开始预热烤箱至210℃。

53～54 将派皮铺到派盘上，用手轻轻按压，使派皮与盘底紧紧贴合，注意不要弄薄派皮。

55～56 用刮板从上向下切掉多余的派皮。

57 将黑樱桃放入铺好派皮的派盘内。

58 然后将步骤 **52** 做好的内馅倒入。

59 用花边夹将边缘捏出花边。如果没有花边夹，可以用叉子代替。

60 放入210℃的烤箱烤约10分钟，再将温度调至190℃继续烤约25分钟。

61 如果在烤制过程中发现快烤焦了，可以盖上铝箔纸，这样烤出来的颜色会非常漂亮。

柠檬派

一款酸酸甜甜又酥酥脆脆的甜点。

制作派皮并铺到派盘内烤制

放入180℃的烤箱烤约25分钟。

材料（9个直径10cm的派）

派皮的材料
- 低筋面粉…75g
- 高筋面粉…75g
- 盐…1小撮
- 黄油…110g
- 冷水…75mL

柠檬奶油的材料
- 柠檬皮…1/2个
- 柠檬汁…75mL
- 细砂糖…45g
- 鸡蛋…150g（3个）
- 黄油…50g

装饰材料
意式蛋白霜
- 蛋白…50g
- 细砂糖…90g
- 水…20mL

开心果…适量

必备工具

锅／碗／托盘／打蛋器／电动打蛋器／硅胶铲／刮板／擀面杖／万用网筛／直径12cm的慕斯圈／尺子／烘焙重石／烤箱／烤盘／裱花袋／圆形裱花嘴（直径1cm）／案板／刷子／保鲜膜／保鲜袋／擦菜板／蛋糕纸托／榨汁器（挤汁器）／温度计

使用的模具
直径10cm的派盘

所需时间	难易度
280分钟	★★☆

1 参照P96～P98，制作快手派皮。用直径12cm的慕斯圈压成圆形派皮。

2 将派皮铺到派盘内，按压紧实。

3 为了防止膨胀，用叉子在底部插出小孔。

4 放入冰箱冷藏松弛约30分钟。

※ 开始预热烤箱至180℃。

5 将蛋糕纸托（直径10cm）放到派皮上，再放入烘焙重石。

6 放入180℃的烤箱烤约25分钟。

7 烤制约10分钟后，去掉派重石和蛋糕纸托，再继续烤约15分钟。

8 烤好后，放置一旁冷却。

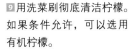

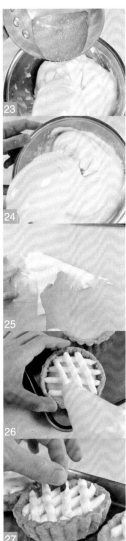

9 用洗菜刷彻底清洁柠檬。如果条件允许，可以选用有机柠檬。

10 将柠檬皮擦成细丝。

11 将鸡蛋逐个打入小碗中，然后再倒回盛有柠檬皮的碗内。

12 用榨汁器（挤汁器）挤出柠檬汁。

13 用打蛋器搅拌步骤11，加入细砂糖和12，继续搅拌。

14~15 倒入锅内开小火加热，刚开始用打蛋器搅拌，凝固后再换成硅胶铲搅拌。加入黄油后充分混合。

16~17 倒入碗内，盖上保鲜膜，放入冰水中冷却。

18 将柠檬奶油舀入派皮内，抹平表面。

19 放入冰箱冷藏。

20 将 2/3 制作意式蛋白霜的细砂糖和水放入锅内熬煮，加热至 117℃。

21~22 另取一个锅，盖上布，再放上盛有蛋白的碗。

23 用电动打蛋器打发步骤22 的蛋白，搅打至有小尖角后，加入剩下的 1/3 的细砂糖，继续搅打至出现尖角，然后倒入步骤20。

24 继续用电动打蛋器搅打至冷却。

25~27 装入裱花袋中，挤成网格状。最后装饰上开心果。

糕点制作的技巧和关键❽
使用冷冻派皮节省制作的时间
这样可以大大缩减制作复杂派皮的时间！

关键①
需提前冷却操作台

如果室温和操作台温度过高，派皮容易变得软塌。将装满冰水的托盘放在操作台上，并调低室内温度。

基本使用方法
提前放置室温下，完全解冻前开始制作。用模具压出形状，盖到派盘上，再按压贴紧派盘，抹上一层蛋黄后放入烤箱烤制。

关键②
选择使用黄油的派皮

相比使用植物性人造黄油制作的派皮，使用动物性黄油制成的派皮更适合糕点制作。选购前需确认好原材料。

关键③
派皮解冻至不会断裂的状态

将派皮放在手掌上，当弯曲的部位也不会断裂时说明解冻完成。如果完全解冻了，派皮会发黏。

关键④
确认派皮的层数和形状

100%使用144层的真正派皮

选择超过100层的派皮，使用前应确认派皮是否是四边形、圆形，或是否添加了可可粉等。

关键⑤
派皮变软后可以再冷藏一下

如果温度过高，派皮里的黄油就会溶化，导致派皮变得软塌塌的。可以将派盘放入金属托盘内，放上派皮后一起放入冰箱冷藏。

熟悉派皮的特点，注意派皮的使用方法

派皮分为"折叠派皮"和"快手派皮"两种。无论哪种，制作工序都很烦琐，而且还特别容易失败。但是，选用冷冻派皮的话，就没有制作派皮的各种烦恼了。

使用冷冻派皮时需要注意解冻方法。派皮在烤制时，黄油会溶化蒸发，使空气能够进入各层面团之间，让面团因膨胀而酥脆。如果派皮完全解冻，就会因黄油溶化导致派皮变软塌，烤好后层次也不明显。因此，派皮一定要半解冻。

派皮解冻至稍微有些硬度的情况下，更容易用模具压出形状或进行裁剪，同时又不会破坏层次。制作时还要注意避免让派皮沾上蛋液或水，以免破坏层次。

Mille crêpes

千层蛋糕

饼皮层层叠加，带给你满满的幸福感。

千层蛋糕

材料（直径 18cm 的蛋糕）

千层饼皮的材料
- 低筋面粉…120g
- 细砂糖…40g
- 盐…1 小撮
- 鸡蛋…120g
- 黄油…20g
- 牛奶…360mL

奶油慕斯的材料
- 蛋黄…40g（2 个）
  - 细砂糖…60g
  - 低筋面粉…20g
  - 牛奶…200mL
  - 香草荚…1/4 根
- 黄油…100g
草莓果酱…100g
细砂糖…适量

必备工具
锅 / 碗 / 打蛋器 / 硅胶铲 / 锥形网筛 / 糖粉筛 / 长柄汤勺或圆勺子 / 盖帘 / 千层蛋糕盘（直径 20cm）或带有不沾涂层的平底锅（直径 17～18cm）/ 抹刀 / 裱花台 / 喷枪 / 抹布

使用的模具
直径 18cm 的慕斯圈

所需时间
85 分钟

难易度
★★☆

※ 不包括冷却时间。

制作奶油慕斯
（15 分钟）

15 分钟

制作奶油慕斯

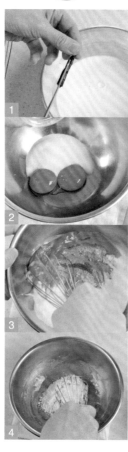

1 将制作奶油慕斯的牛奶放入锅内。把香草荚纵切后，连种子一起放入锅内。

2～4 碗内放入蛋黄、细砂糖，用打蛋器搅拌，然后加入过筛的低筋面粉。

5 搅拌至没有干面粉。

6 将步骤 1 的牛奶加热。

7 将温热的牛奶一点点倒入步骤 5 的碗内，用打蛋器充分搅拌。

8 用锥形网筛过滤回锅内。

9 开中火加热，同时用打蛋器搅拌。

10 一边充分搅拌，一边加热至完全沸腾，让材料熟透。

11 倒入碗内，封上保鲜膜，尽量不接触空气。

12 放入冰水中，室温下冷却。

13～14 黄油放置室温下变软，用打蛋器搅拌至细腻，加入步骤 12 中。

制作面糊

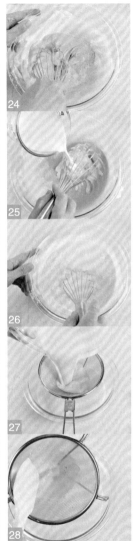

烙饼皮

15～16 将制作饼皮的黄油放入锅内加热。等气泡消失，稍微有些上色后，放在湿抹布上冷却。

17～18 碗内放入低筋面粉、细砂糖、盐，用打蛋器搅拌。

19 中间挖一个洞，倒入蛋液。

20 用打蛋器从中央开始画圈式搅拌，同时刮净碗壁上的面粉。

21～22 将步骤16 制作的上色黄油沿着打蛋器缓缓倒入，然后再搅拌至黏稠。

23 加入 1/3 的牛奶。

24～26 用打蛋器充分搅拌面糊，搅匀后加入剩下的牛奶，继续充分搅拌。

27～28 用锥形网筛过滤面糊。再用硅胶铲碾净残留的面糊。

29 用厨房纸巾擦净平底锅的黄油，开中火加热。

30 加热至倒入面糊会发出轻微声响后，用长柄汤勺舀一勺面糊（约30mL）倒入锅内。

31～32 转动平底锅，让面糊迅速均匀地铺满锅底。

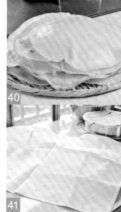

叠加饼皮，整理好形状

如果太着急，容易翻烂。

刚开始，锅内温度不能太高。

注意控制平底锅的温度。

四周着色后即可翻面。

Point!

熟练烙饼皮的技巧

首先，在面糊倒入锅后迅速转动平底锅，让面糊均匀地摊在锅底。如果烙饼过程中平底锅温度过高，可以将锅放到湿抹布上降温。另外，翻面的时候也不能太着急。翻面太快或太着急都会导致制作失败。

33～34 稍微上色后，移动平底锅让未上色的部位充分受热。

35 当饼皮表面开始冒泡时，说明熟透了。

36～37 烙至整体呈金黄色后，用手拽起饼皮的一端，揭下来翻面。

38 快速翻面后，再烙5秒钟。一般第一张都烙得不好，接下来就可以渐渐烙得完美了。

39 端起平底锅，反扣，将饼皮倒到盖帘上。

40 一共需要烙15张饼皮。烙好的饼皮都摞在盖帘上。

41 为了防止变干，可以盖上屉布，放置阴凉处彻底冷却。

42～43 将1张饼皮放到裱花台上，涂抹上步骤14的奶油慕斯。

44～45 先叠加上一层饼皮，然后抹上草莓果酱。按照这个顺序交替给饼皮抹上奶油慕斯和草莓果酱。

46

47

48

49

50

放入冰箱冷藏
约30分钟。

51

52

53

54

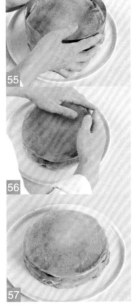

55

56

撒上细砂糖
并用喷枪炙烤

57

58

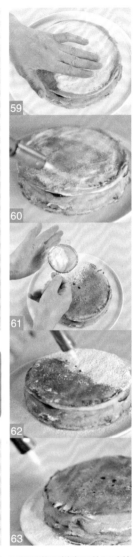

59

60

61

62

63

46～48 叠加饼皮时需要注意保持饼皮平整。最上面放上烙得最漂亮的一张饼皮。

49～50 套上慕斯圈，盖上保鲜膜，用手将千层蛋糕压成与模具一致的高度，再裹上保鲜膜。

51 为了防止干燥，用保鲜膜裹好后，连同裱花台一并放入冰箱冷藏约30分钟。

52～54 从冰箱内取出，翻转裱花台将千层蛋糕倒扣到盘子里。

55～57 去掉慕斯圈，用双手将侧面整理成圆形。

58 上面撒上细砂糖。

59 用手将蛋糕表面的细砂糖摊匀。

60 用喷枪炙烤表面。

61 继续用糖粉筛在蛋糕表面筛上细砂糖。

62～63 用喷枪炙烤表面，直到砂糖均匀溶化呈焦黄色，饼皮变硬。放入冰箱冷藏。

布列塔尼蛋糕

一款源自法国布列塔尼地区的特色糕点。

制作面糊

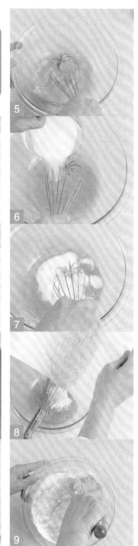

材料（1份）

鸡蛋…100g（2个）
细砂糖…70g
黄油…20g
盐…1 小撮
鲜奶油…200mL
牛奶…200mL
香草油…2 滴
朗姆酒…1 大勺
半干西梅干…150g
镜面果胶的材料
┌ 杏子果酱…30g
└ 水…15g

必备工具

锅 / 碗 / 打蛋器 / 硅胶铲
/ 万用网筛 / 锥形网筛 /
烤箱 / 烤盘 / 毛刷
使用的模具
长 24 × 宽 15 × 高 4cm
的椭圆形耐热容器

1～2 将低筋面粉用万用网
筛过筛。
3 黄油隔热水加热至融化。
4 鸡蛋打入碗内。
※ 开始预热烤箱至 180℃。

5 用打蛋器搅打鸡蛋。
6～7 加入细砂糖，搅拌至
溶化。
8～9 加入低筋面粉，用打
蛋器画圈式搅拌均匀。

所需时间	难易度
80 分钟	★★☆

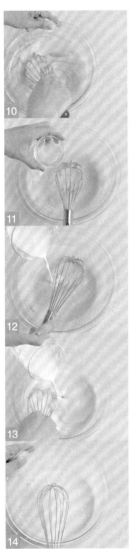

放入 180℃的烤箱烤约
20 ～ 25 分钟。

放入西梅干，
继续烤 35 ～ 40 分钟。

刷上镜面果胶

Point!
面糊的分量要不多不少
刚好合适

中途还要放入西梅干，容器
内面糊的分量正好能看到西
梅干即可。

10～11 搅拌至面糊黏稠后加
入融化的黄油、盐、鲜奶油，
继续搅拌。

12～14 然后一点点加入牛
奶，充分混合后，加入香
草油和朗姆酒，搅拌均匀。

15 用锥形网筛过滤。
16 用毛刷在耐热容器刷上
黄油（另备）。
17～18 将面糊倒入容器内，
再将一半的半干西梅干放
入容器内。

19 放入 180℃的烤箱烤约
20 ～ 25 分钟。
20～21 烤制表面微微上色
后，取出容器。然后将剩下
的西梅干塞入表面，稍微
露出一点即可。继续放入
180℃的烤箱烤约 35 ～ 40
分钟。

22～23 烤至表面膨胀后，用
竹签插一下，如果没沾上
任何东西就说明烤好了（刚
开始膨胀，过一会儿就会
凹下去）。

24～25 把杏子果酱和水煮成
镜面果胶，用毛刷刷在表面。

各种各样的杏仁

平时一口一颗的"杏仁"其实有着各种各样的形状。

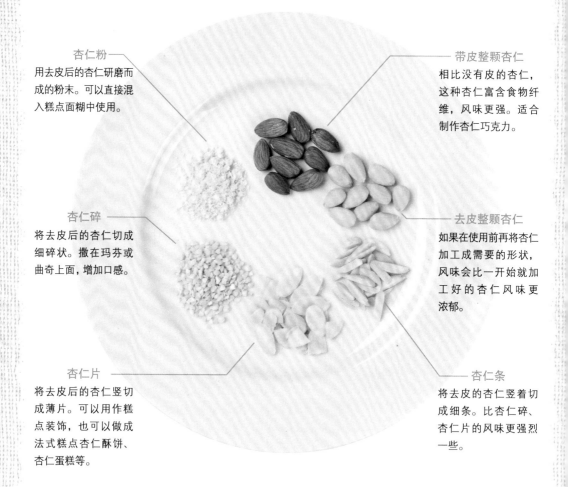

杏仁粉
用去皮后的杏仁研磨而成的粉末。可以直接混入糕点面糊中使用。

带皮整颗杏仁
相比没有皮的杏仁，这种杏仁富含食物纤维，风味更强。适合制作杏仁巧克力。

杏仁碎
将去皮后的杏仁切成细碎状。撒在玛芬或曲奇上面，增加口感。

去皮整颗杏仁
如果在使用前再将杏仁加工成需要的形状，风味会比一开始就加工好的杏仁风味更浓郁。

杏仁片
将去皮后的杏仁竖切成薄片。可以用作糕点装饰，也可以做成法式糕点杏仁酥饼、杏仁蛋糕等。

杏仁条
将去皮的杏仁竖着切成细条。比杏仁碎、杏仁片的风味更强烈一些。

直接加入糕点中增添风味

杏仁是一种可以增添香味与口感的坚果，也是糕点制作中不可缺少的材料。坚果指的是外面有硬壳的种子，最具代表性的有杏仁和核桃、榛子等。

杏仁经常用于糕点制作。杏仁碎一般用于装饰；杏仁粉可以混入蛋糕面糊中使用。大家可以根据具体情况选择合适形状的杏仁。杏仁都是烤好的，但是如果在使用前能再加热一下，香味会更浓郁，口感也更佳。可以将杏仁摊放到烤盘内，放入170℃的烤箱烤约10分钟。

杏仁的油脂含量较高，氧化后会影响风味，因此不要一次性购买太多，只买够用的分量即可。没用完的杏仁可以放在密封罐内冷冻保存。

Mont-blanc aux marrons

蒙布朗

栗子温润的口感能让人感受到秋天的气息。

Mont-blanc aux marrons

蒙布朗

材料（8个直径5cm的蒙布朗）

达克瓦兹的材料
- 杏仁粉…50g
- 糖粉…30g
- 蛋白霜
  - 蛋白…70g
  - 细砂糖…10g
  - 盐…少许

栗子奶油的材料
- 栗子酱…240g
- 黄油…80g
- 朗姆酒…20mL
- 鲜奶油…40mL

可可搅打奶油的材料
- 可可粉…1.5 大勺
- 水…1.5 大勺
- 鲜奶油…100mL
- 细砂糖…10g
- 朗姆酒…1 小勺

装饰材料
栗子涩皮煮（瓶装）…16 个

必备工具
锅 / 碗 / 托盘 / 打蛋器 /
电动打蛋器 / 硅胶铲 / 刮
板 / 万用网筛 / 糖粉筛 /
烤箱 / 烤盘 / 烤盘纸 / 冷
却架 / 裱花袋 / 圆形裱花
嘴和蒙布朗专用裱花嘴
（直径 1cm）
使用的模具
直径 4.5cm 和 5cm 的圆
形模具

所需时间
145分钟

难易度
★★☆

制作达克瓦兹饼

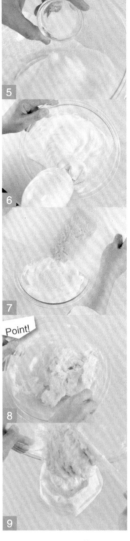

Point!

放入 160℃的烤箱烤
约 10 分钟。

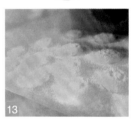

1 将烤盘纸铺到烤盘上，用直径5cm的圆形模具沾上低筋面粉（另备）在烤盘纸上印上 16 个保持一定间距的记号。

2～3 将杏仁粉与糖粉混合，用万用网筛过筛。

4 蛋白与盐混合后用电动打蛋器打发。

5～6 加入细砂糖，继续打发。

7～8 加入3，继续大幅度搅拌。

Point! 面糊具有流动性，搅拌速度可以慢一点。

※ 开始预热烤箱至 160℃。

9 将面糊倒入装好圆形裱花嘴的裱花袋内。

10 用刮板将裱花袋中的面糊刮向裱花嘴方向。

11 在步骤1烤盘上印好的记号内挤上面糊。可以先在中央挤出少量面糊，然后再画圆式挤出与记号相同的圆形。

12 在表面筛上糖粉（材料外）。

13 放入 160℃的烤箱烤约10 分钟。

Point!

烤干后口感更酥脆

调低温度继续将达克瓦兹内的水分烤干。烤干后口感更酥脆。

冷却约 30 分钟。

14 当饼干表面开始上色后，将烤箱温度调至 140℃，继续烤约 25 分钟。

15 烤至饼干表面坚硬，底部稍微有些软的状态后，出炉。

16 摆放在冷却架上冷却。

制作栗子奶油

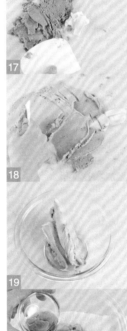

17～19 把栗子酱与室温下软化的黄油放在操作台上，用刮板充分按压搅拌均匀，然后放入碗内。

20 分两次倒入朗姆酒，用硅胶铲搅拌至整体光滑细腻。

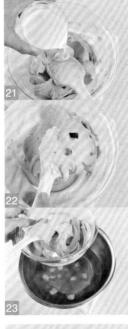

Point!

如果过度冷却会变成干巴巴的硬奶油

过度冷却的栗子奶油可以去掉干巴巴的部分，也可以通过隔水加热后再使用。

冷却后会变成较硬的奶油。

21 一点点加入鲜奶油。

22～23 用硅胶铲搅拌。如果质地太软，奶油就没法挤出形，可以放入冰水中稍微冷却一下再搅拌。

> Point! 奶油易出现水油分离的情况，注意不要过度搅拌。

制作可可搅打奶油

24 将可可粉放入锅内，开小火空炒片刻。

25 关火，加水搅拌至光滑的状态。

26 将锅放入装有冷水的碗中冷却。

27 另取一只碗放入鲜奶油、细砂糖，用打蛋器搅拌至细砂糖溶化。

113

整形

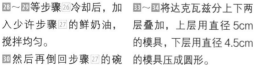

28～29 等步骤 26 冷却后，加入少许步骤 27 的鲜奶油，搅拌均匀。

30 然后再倒回步骤 27 的碗内。将碗放入冰水中冷却，打发。

31～32 奶油搅打均匀后，加入朗姆酒，搅打至八分打发。

33～34 将达克瓦兹分上下两层叠加，上层用直径 5cm 的模具，下层用直径 4.5cm 的模具压成圆形。

35～36 向装好圆形裱花嘴的裱花袋内装入步骤 32 的可可搅打奶油，在下层的达克瓦兹上挤成圆顶状。

37～39 再放上一颗栗子涩皮煮，然后再挤上奶油，盖上一层达克瓦兹。

Point! 奶油挤得高一些，让达克瓦兹更高耸。

40～41 将步骤 23 的栗子奶油装入装好蒙布朗专用裱花嘴的裱花袋内，沿着 39 的侧面开始挤。

42 端起蒙布朗的底部，从侧面开始向上画圆式挤满奶油，然后再由左到右挤满奶油。

43 放入冰箱冷藏约 30 分钟。

44～46 等奶油凝固后，将蒙布朗放入盘内，再筛上可可粉（另备），装饰上栗子涩皮煮。

日式蒙布朗

经典怀旧款的西式甜点。

材料（8个直径5cm的蒙布朗）

鸡蛋…100g（2个）
黑砂糖…30g
上白糖…70g
豆浆…30g
黄油…70g
低筋面粉…200g

栗子奶油的材料
- 栗子甘露煮（瓶装）…200g
- 栗子甘露煮的汁…100g
- 水…适量
- 日本酒…15mL
- 香草精华…少许

焙茶奶油的材料
- 绿茶…3g
- 鲜奶油…120mL
- 细砂糖…15g

装饰材料
- 栗子甘露煮（瓶装）…8个
- 栗子甘露煮的汁…30mL

必备工具

锅 / 碗 / 托盘 / 打蛋器 /
电动打蛋器 / 硅胶铲 / 刮
板 / 万用网筛 / 长柄勺子
或圆勺子 / 烤箱 / 烤盘 /
毛刷 / 冷却架 / 裱花袋 /
圆形裱花嘴、蒙布朗专
用裱花嘴（直径1cm）/
工作手套 / 料理机 / 研钵 &
研磨杵 / 直径22cm的平
底锅 / 温度计
使用的模具
直径5cm、高6cm的蛋
糕纸杯

所需时间
80分钟

难易度
★★

制作纸杯蛋糕

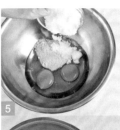

1 碗内放入黄油和豆浆。

2 将碗放入锅内，隔水加热
至黄油溶化。

3 低筋面粉用万用网筛过筛。

4 将鸡蛋打入另一个碗内。

※ 开始预热烤箱至170℃。

5 在步骤 **4** 的碗内加入过筛
的黑砂糖和上白糖。

6 用电动打蛋器搅打至光滑。

7 ~ **8** 放入60℃的热水里
隔水加热，等碗内温度达到
36~37℃后，移开热水。

9 用电动打蛋器打发。

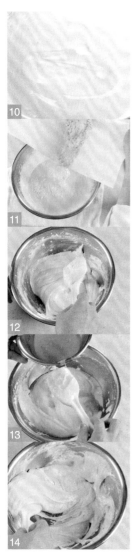

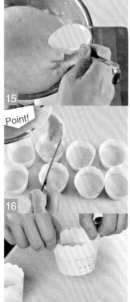

放入 170℃的烤箱烤约 25 分钟。

制作栗子奶油

Point!
烤制前需要放至没有气泡

往纸杯内倒入面糊时，会产生少许气泡。放入烤箱前需要确认是否还有气泡。

✗　　　○

如果有气泡残留会导致烤好的蛋糕出现很多小孔。

⑩搅打至表面能画出线条。

⑪～⑫将步骤③的低筋面粉全部撒入碗内，用硅胶铲快速搅拌。

⑬将步骤②沿着硅胶铲缓缓倒入碗内。

⑭用硅胶铲沿着碗底大幅度翻拌。

⑮～⑯将蛋糕纸杯紧贴着摆好，用长柄圆勺把面糊舀入纸杯内，六分满即可。

Point! 将纸杯紧贴着摆放，舀面糊时不容易洒落。

⑰端起纸杯，往操作台上轻轻磕碰，排出里面的空气。

⑱将纸杯均匀摆放在烤盘上，放入烤箱中。

⑲放入 170℃的烤箱烤约25 分钟，出炉。

⑳用竹签插一下，如果没沾上任何东西就说明烤好了。

㉑摆放在冷却架上，放置阴凉处至完全冷却。

㉒将栗子甘露煮的栗子与汁水分开盛放。

㉓用料理机将栗子搅打成糊。

㉔倒入日本酒，再加入100mL 左右的水，将栗子搅拌成光滑细腻的状态。

㉕将步骤㉔倒入平底不粘锅内，一边搅拌一边用小火加热。

116

制作焙茶奶油

整形

26～27 将步骤25分成少量多份摆放在托盘内，放在通风良好的位置冷却。

Point! 水蒸气会让栗子奶油变得软塌塌的，因此不要盖保鲜膜。

28 用刮板将步骤27铲回碗内。

29～30 加入少许香草精油，用硅胶铲搅拌均匀。

31 将茶叶放入平底锅内炒香，煸炒至上色后就成了焙茶。

32 用研钵将焙茶研磨成粉末。

33～34 将鲜奶油和细砂糖放入碗内，再将碗放入冰水里，加入步骤32的焙茶粉末，搅打至9分打发。

35 搅打至奶油呈尖角直立的状态。

36 将焙茶奶油装入带有圆形裱花嘴的裱花袋内。

37～38 把奶油挤到步骤21上，挤成高高的圆顶状。这些奶油是营造立体感的基础，因此要挤高一些。

39～40 将步骤30的栗子奶油装入带有蒙布朗专用裱花嘴的裱花袋内，挤满步骤38，盖住搅打奶油。

41～42 将用于装饰的栗子甘露煮和汁水倒入锅内，熬煮至产生光泽。

43 等栗子甘露煮冷却后，装饰在步骤40的中心位置。

巧用市售装饰品

各种让糕点成品更华丽的简便装饰品

巧克力

装饰用巧克力
（右）将巧克力加工成咖啡豆的形状。
（左）卷成棒状的巧克力。

巧克力豆

巧克力棒

巧克力笔
用巧克力写字或描绘图案。另外，还有绿色、蓝色等各种颜色。

花朵

樱花碎
用冷冻干燥的樱花花瓣做成的碎片。可用于装饰冰激凌或松露巧克力。

大马士革玫瑰花
食用玫瑰的花朵干燥而成。可以直接用于装饰，或者撕下花瓣使用。

金箔

纯金箔喷雾
喷雾可喷出可食用的细腻金箔，还有银箔喷雾。

装饰用纯金箔
使用金箔。装饰少量即可让蛋糕变身华丽。形状也是各种各样。

糖果

水晶糖
将粗糖用色彩艳丽的食用色素上色后的糖果。不仅可用于装饰蛋糕，还可装饰其他烘烤类糕点。

镀银糖珠
将砂糖用银粉装饰后，做成珍珠的形状。用少量即可起到点缀作用。

掌握装饰窍门，让糕点变得更绚丽

装饰是制作糕点的最后一道工序，也是最有意思的地方。市面上有很多装饰品可以让装饰糕点变得更有趣。除了上面介绍的产品之外，还有用砂糖制成的花朵、动物饰品，便于可可粉和糖粉筛出图案的筛模、形状各异的蜡烛等，种类极其丰富。

装饰糕点确实很有趣，但很多人却苦恼于自己装饰的糕点缺乏美感。如果你也有这方面的苦恼，在装饰糕点时请遵循以下四点：①先构想出蛋糕完成后的效果图。②蛋糕装饰最多使用两种同色系的颜色。③切记装饰物不宜过多。④先从体积大、数量多的装饰物开始练手。按照这四个装饰原则，试着装饰出富有美感的蛋糕吧。

Butter cake

黄油蛋糕

质地湿润、足量的黄油令其味道香浓醇厚。
可以很方便地变换出各种口味。

Butter cake

黄油蛋糕

材料（18cm×7cm×6.5cm 的蛋糕）

发酵黄油…80g
细砂糖…80g
鸡蛋…80g
低筋面粉…80g
泡打粉…1g

必备工具
碗 / 打蛋器 / 电动打蛋器 / 硅胶铲 / 刮板 / 万用网筛 / 烤箱 / 烤盘 / 烤盘纸 / 蛋糕刀 / 毛刷 / 温度计
使用的模具
长 18cm× 宽 7cm× 高 6.5cm 的磅蛋糕模具

所需时间
60分钟

难易度
★☆☆

模具内铺上烤盘纸
（5分钟）

| 模具内铺上烤盘纸 | 制作蛋糕面糊 |

1
2
3
4

5
6
7
8
9

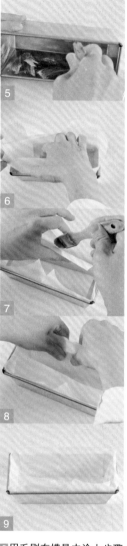

10
11
12
13

1 黄油（另备）放置室温下变软。鸡蛋提前放置室温下。
2 将模具放在烤盘纸上测量尺寸。
3～**4** 折出痕迹，将烤盘纸裁切成四面比模具稍高。在需要向里折的地方剪出小口。

5 用毛刷在模具内涂上步骤 **1** 的黄油，以便粘住烤盘纸。
6 将烤盘纸铺入模具内。
7～**9** 借助模具内抹上的黄油让烤盘纸与模具紧贴合。
※ 开始预热烤箱至180℃。

10～**11** 低筋面粉与泡打粉放入碗内，用打蛋器搅拌。
12～**13** 将低筋面粉与泡打粉用万用网筛过筛。
※ 这时将发酵黄油放置室温下变软。

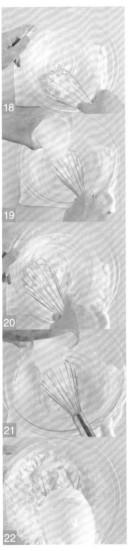

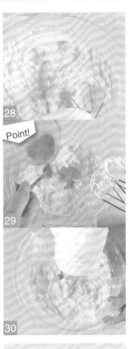

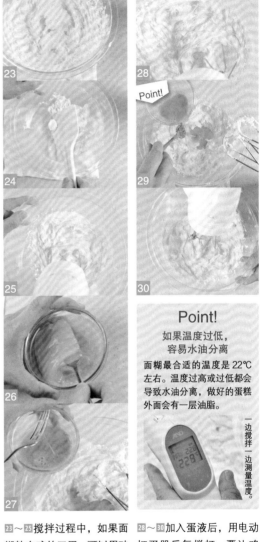

Point!

注意保证材料的分量

如果没有彻底清理干净粘在保鲜膜上的黄油，以及粘在万用网筛上的面粉，材料的分量就会出现变化。

Point!

如果温度过低，容易水油分离

面糊最合适的温度是 22℃左右。温度过高或过低都会导致水油分离，做好的蛋糕外面会有一层油脂。

一边搅拌一边测量温度。

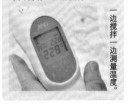

14～15将室温下变软的发酵黄油放入碗内。如果室温较低，可以盖上一层保鲜膜，用手掌按压黄油变软。

16用刮板刮净粘在保鲜膜上的黄油。

17用打蛋器搅打黄油。

18充分搅打至颜色发白、呈奶油状。

19～21然后分两次加入 1/3 的细砂糖，充分搅拌。

22加入剩余的细砂糖，用电动打蛋器中速搅拌。

23～25搅拌过程中，如果面糊粘在碗的四周，可以用硅胶铲刮到中央，一直搅拌至面糊呈白色。

26把鸡蛋打散。

27向步骤29的碗内加入少量蛋液。

28～30加入蛋液后，用电动打蛋器反复搅打。要让鸡蛋与黄油充分乳化，切忌水油分离。

Point! 注意蛋液温度如果较低，很容易发生水油分离。

制作蛋糕面糊
（25 分钟）
30 分钟

倒入模具中并进行烤制
（30 分钟）
60 分钟

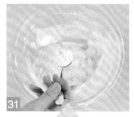

Point!

**出现水油分离时
该怎么办？**

如果出现水油分离了，可以
加入粉类。粉类可以吸收蛋
液，让面糊重回细腻的状态。

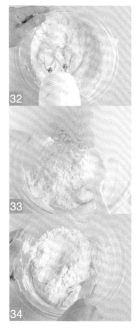

放入 180℃的烤箱烤
5 ～ 10 分钟。

放入 180℃的烤箱烤
15 ～ 20 分钟。

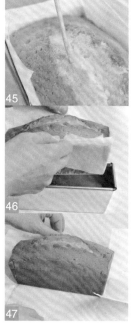

31 如果出现水油分离的情
况，可以加入少量低筋面
粉或加热乳化。

32 ～ 34 黄油与蛋液充分搅拌
后，再将步骤 13 的粉类加
入，用硅胶铲沿着碗底进
行翻拌。

35 ～ 37 充分搅拌至没有干面
粉，面糊出现光泽。注意，
加入低筋面粉后会产生面
筋，不能用打蛋器或电动
打蛋器搅拌。

38 ～ 39 将面糊倒入磅蛋糕
模具中，八分满。

40 ～ 41 操作台上垫一块抹
布，将模具从 10cm 的高处
落下，震平表面。

42 放入 180℃的烤箱烤约
25 分钟。

43 烤 5 ～ 10 分钟后，面糊
表面凝固了，用蛋糕刀在中
央划一道。

44 继续放入 180℃的烤箱烤
15 ～ 20 分钟。

45 用竹签插一下，如果没粘
任何东西就说明烤好了。

46 ～ 47 放在室温下冷却 1 个
小时，然后脱模，撕下烤
盘纸。

各式各样的黄油蛋糕

最大的特点就是质地湿润、黄油味道浓醇，而且很方便地变换出各种口味。

干果黄油蛋糕

橙子风味黄油蛋糕

奶油奶酪黄油蛋糕

巧克力香蕉黄油蛋糕

奶油奶酪黄油蛋糕

推荐不喜欢甜食而爱喝酒的人品尝，可当午餐。

材料（18cm×7cm×6.5cm 的蛋糕）

黄油蛋糕的材料

- 发酵黄油…80g
- 细砂糖…80g
- 鸡蛋…80g
- 低筋面粉…80g
- 泡打粉…1g

奇亚籽…2 大勺

奶油奶酪…100g

所需时间
50 分钟

难易度
★★☆

必备工具

碗 / 打蛋器 / 电动打蛋器 / 硅胶铲 / 刮板 / 万用网筛 / 烤箱 / 烤盘 / 烤盘纸 / 蛋糕刀 / 毛刷 / 菜刀 / 案板 / 抹布 / 温度计

使用的模具

长 18cm × 宽 7cm × 高 6.5cm 的磅蛋糕模具

1 这款蛋糕加入了奶油奶酪和奇亚籽。在蛋糕面糊中加入奇亚籽，倒入模具后再放入奶油奶酪。

2 将奶油奶酪切成 8mm 厚的薄片。

3 参照 P120 制作蛋糕面糊，最后再加入奇亚籽。

4 ～ 5 用硅胶铲充分搅拌，将 1/3 的面糊倒入模具内。

6 再摆放上奶油奶酪。

7 再倒入 1/3 的面糊。

8 与步骤 6 相同，再摆放上奶油奶酪。

9 ～ 10 再倒入剩下的面糊，将模具从高处摔向抹布，震平表面。

11 放入 180℃ 的烤箱烤约 25 分钟（中途烤 5 ～ 10 分钟后在中间切一刀）。

巧克力香蕉黄油蛋糕

蛋糕中的大理石纹看起来非常有趣。

材料（18cm×7cm×6.5cm 的蛋糕）

黄油蛋糕的材料
- 发酵黄油…80g
- 细砂糖…80g
- 鸡蛋…80g
- 低筋面粉…90g
- 泡打粉…1g

黑巧克力…40g

香蕉…1 根（约80g）

所需时间
60 分钟

难易度
★★

必备工具
锅 / 碗 / 打蛋器 / 电动打蛋器 / 硅胶铲 / 刮板 / 万用网筛 / 网筛 / 烤箱 / 烤盘 / 烤盘纸 / 蛋糕刀 / 毛刷 / 菜刀 / 案板 / 叉子 / 抹布 / 温度计

使用的模具
长 18cm× 宽 7cm× 高 6.5cm 的磅蛋糕模具

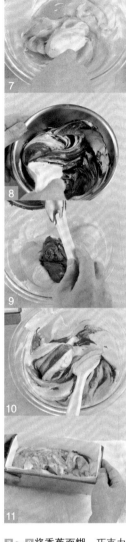

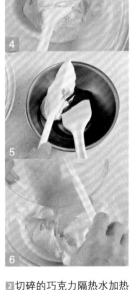

1 这款蛋糕加入了香蕉与巧克力。香蕉去皮用网筛过筛做成香蕉泥；巧克力隔水加热至溶化。将二者分别加入面糊中。

2 切碎的巧克力隔热水加热至溶化。

3 香蕉过筛做成泥备用。

4 参照P120制作蛋糕面糊。

5 取 1/3 的面糊放入巧克力中。

6 剩下的面糊中加入过筛的香蕉。

7 ～ 8 将香蕉面糊、巧克力面糊分别搅拌均匀。

9 ～ 10 然后将巧克力面糊倒入香蕉面糊中，轻轻搅拌出大理石纹路。

11 倒入模具中，放入 180℃ 的烤箱烤约 25 分钟（中途烤 5 ～ 10 分钟后在中间切一刀）。

橙子风味黄油蛋糕

高雅清新的口味奏响橙子三重奏。

材料（18cm×7cm×6.5cm 的蛋糕）

黄油蛋糕的材料
- 发酵黄油…80g
- 细砂糖…80g
- 鸡蛋…80g
- 低筋面粉…80g
- 泡打粉…1g

橙子（鲜）…1/2 个
水…300mL
八角…1 个
细砂糖…30g
香草荚…1 根
橙汁…100mL
柑曼怡力娇酒…10mL
蜜饯橙子…20g

所需时间
80分钟

难易度
★★☆

必备工具
锅 / 碗 / 打蛋器 / 电动打蛋器 / 硅胶铲 / 刮板 / 万用网筛 / 烤箱 / 烤盘 / 烤盘纸 / 蛋糕刀 / 毛刷 / 菜刀 / 案板 / 叉子 / 竹签 / 温度计

使用的模具
长 18cm × 宽 7cm × 高 6.5cm 的磅蛋糕模具

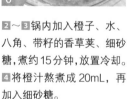

■1 这款蛋糕加入了与八角、香草荚一起煮过的新鲜橙子、切碎的蜜饯橙子、橙汁与细砂糖煮成的糖浆。先将橙子切成厚 3mm 的圆片。香草荚纵切成两半。

2～3 锅内加入橙子、水、八角、带籽的香草荚、细砂糖，煮约 15 分钟，放置冷却。

4 将橙汁熬煮成 20mL，再加入细砂糖。

5 将蜜饯橙子切成碎末。

6 参照 P120 制作蛋糕面糊，最后加入步骤 5 的橙子。

7 充分搅拌使橙子与面糊混合均匀。

8 将面糊倒入模具中，再摆放上步骤 2 的橙子，放入 180℃的烤箱烤约 25 分钟。

9～11 烤好后的蛋糕脱模，再用毛刷刷上步骤 4 。注意刷上侧面。

干果黄油蛋糕

与杏仁粉的风味特别搭配。

材料（18cm×7cm×6.5cm 的蛋糕）

黄油蛋糕的材料

> 发酵黄油…80g
> 细砂糖…80g
> 鸡蛋…80g
> 低筋面粉…60g
> 泡打粉…1g

酒渍干果…90g

杏仁粉…30g

所需时间

50 分钟

难易度

★★☆

必备工具

碗 / 打蛋器 / 电动打蛋器 / 硅胶铲 / 万用网筛 / 烤箱 / 烤盘 / 烤盘纸 / 蛋糕刀 / 毛刷 / 竹签 / 温度计

使用的模具

长 18cm × 宽 7cm × 高 6.5cm 的磅蛋糕模具

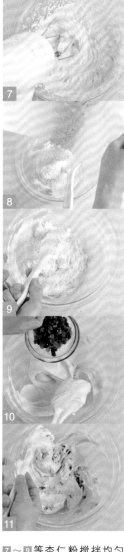

1 酒渍干果也可以自己制作。将干果放入白兰地或威士忌内浸泡 2～3 天即可。此外，这款蛋糕减少了低筋面粉的用量，而增加了杏仁粉。

2～3 杏仁粉用万用网筛过筛。

4 低筋面粉用万用网筛过筛。

5～6 参照 P120 制作蛋糕面糊，注意加低筋面粉之前先加入杏仁粉，然后用电动打蛋器中速充分搅拌。

7～9 等杏仁粉搅拌均匀后，再加入低筋面粉，用硅胶铲沿着碗底翻拌。

10～11 加入沥干水分的干果，搅拌均匀后将面糊倒入模具中。放入 180℃的烤箱烤约 25 分钟（中途烤 5～10 分钟后在中间切一刀）。

用洋酒增添高雅的香气

在面糊或奶油中加入少量洋酒，会令糕点风味更高级。

❶ 橘味甜酒
用类似温州蜜橘的品种酿造的酸甜可口、香味怡人的橘味利口酒。

❷ 马拉斯加樱桃酒
用原产意大利的马拉斯加樱桃酿造的透明利口酒，具有独特的香气。

❸ 梨白兰地
一种以梨为原料酿造的利口酒。口感温润，适合加入奶油中增添风味。

❹ 卢卡诺柠檬味利口酒
原产意大利的柠檬利口酒。用柠檬果皮酿造而成，有清爽的甜味。

❺ 意大利杏仁利口酒
以杏仁中提取的精华为主要原料制作的利口酒。具有杏仁的香味。

❻ 苹果白兰地
产自法国诺曼底，以苹果为原料制作的香味丰富的蒸馏酒。

❼ 柑曼怡力娇酒
将微苦的橙子皮浸泡在干邑白兰地中，并在酒桶中自然发酵成熟的橘味利口酒。

❽ 君度甜橙酒
从苦橙与甜橙中提取香料制作而成的利口酒。

❾ 朗姆酒
用蜜糖和甘蔗榨汁制作而成的蒸馏酒。酒精度数在 40% ～ 50%。

❿ 樱桃白兰地
樱桃切碎，果核与果肉一起发酵而成的白兰地。

洋酒与蛋糕的搭配法则超级简单

制作蛋糕时添加洋酒的目的是为了抵消乳制品与鸡蛋的腥味，让味道更绵长，香味更高级、更丰富。而且，在奶油中加入少量洋酒还可以起到抑制甜味的作用。总之，加入洋酒可以让糕点的成品效果更好。

洋酒的种类这么多，该怎么选择呢？你可能有点无从下手。其实只要选择的洋酒的酿造原料与糕点中使用的水果相同就可以了。例如，苹果搭配苹果白兰地、樱桃搭配樱桃白兰地、橙子搭配橘味利口酒，这样搭配可以让水果味道更浓郁。

此外，酒精度数较高的白兰地或朗姆酒可以搭配糖度较高的糖浆或巧克力。洋酒的香味浓烈，只要加入数滴稍微有点余韵就可以了。

Muffin

玛芬蛋糕

可以充分发挥创意的杯子蛋糕。在玩耍的感觉中发现最本真的味道。

核桃槭糖玛芬

蓝莓玛芬

Blueberry muffin

蓝莓玛芬

材料（5个7cm的蛋糕）

发酵黄油…50g
细砂糖…70g
鸡蛋…50g（1个）
盐…1小撮
低筋面粉…100g
泡打粉…1小勺
牛奶…60mL
奶油奶酪…50g
蓝莓…约70g

必备工具
碗 / 万用网筛 / 打蛋器 /
硅胶铲 / 刮板 / 烤箱 / 烤
盘 / 菜刀 / 案板 / 叉子 /
保鲜膜 / 电子秤
使用的模具
上口直径7cm的纸质玛
芬杯

所需时间
45分钟

难易度
★★☆

制作蛋糕面糊

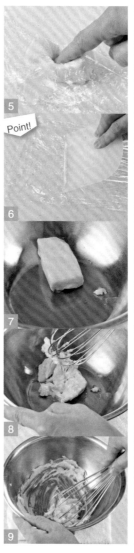

1～**2**鸡蛋打成蛋液。如果
鸡蛋温度过低，会与黄油
发生水油分离，冰箱里的
鸡蛋需提前放置室温下。
3～**4**低筋面粉与泡打粉一
起用万用网筛过筛备用。
※ 开始预热烤箱至170℃。

5～**7**将发酵黄油放置室温
下，变软后再放入碗中。

Point! 用刮板刮净粘在保鲜膜
上的黄油，放入碗中。

8～**9**用打蛋器充分搅打
黄油。

10～**11**加入1/3的细砂糖，
用打蛋器研磨式搅打。
12～**13**搅拌均匀后，再加
入1/3的细砂糖，继续充分
搅拌。
14混合均匀后，加入剩下的
细砂糖。

15

Point!

让黄油中充满空气

黄油与细砂糖搅拌至颜色发白色。让黄油中充满空气，产生细腻的气泡。

16

17

18

19

20

Point!

彻底混合蛋液

鸡蛋少量多次加入并搅拌均匀。如果出现水油分离的情况，可加入少量低筋面粉。

不能一下全部加入。

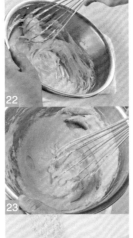

22

23

24

25

26

27

28

29

30

31

15 搅拌黄油至发白。
16～17 加入少量蛋液，用打蛋器搅拌。
18 加入盐，继续搅拌。

19～21 少量多次加入剩下的蛋液，充分混合。注意不要水油分离。面糊温度过低的话，容易出现水油分离，可以稍微加热一下再搅拌。

22～23 充分搅拌使蛋液完全与黄油混合。
24～26 加入 1/2 步骤 4 过筛的粉类，用打蛋器搅拌至没有干面粉。

27～28 加入 1/2 的牛奶，搅拌至均匀。
29～31 再加入剩下的粉类，用打蛋器搅拌至没有干面粉。

将奶油奶酪与蓝莓
放入模具中

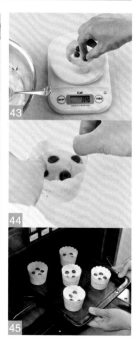

Point!

搅拌至面糊蓬松

搅拌至面糊整体呈蓬松状。刚开始搅拌时使用打蛋器，搅拌至一半时改用硅胶铲。

Point!

纸质玛芬杯装7分满

玛芬蛋糕在烤制过程中会膨胀，一定不能装太满。记住，纸杯中只能盛7分满。

蛋糕面糊流出来的失败案例

放入170℃的烤箱烤约25分钟。

32～35加入剩下的牛奶，用打蛋器搅拌。大致搅拌均匀后，再改用硅胶铲将粘在碗边的面糊集中起来，最后搅拌均匀。

36～37将奶油奶酪切成1cm的小块。

38～39向面糊中加入奶油奶酪，用硅胶铲搅拌均匀。

40将蛋糕面糊倒入玛芬模具中，4分满（约40g）。

41～42放入5粒蓝莓，然后再倒入剩下的蛋糕面糊。

43表面装饰上4～5粒蓝莓。整体约7分满。

44模具轻轻往操作台上磕碰几下，震平表面。

45放入170℃烤箱烤约25分钟。

46烤好后，盖上一层布放置室温下冷却。保存时，将玛芬蛋糕装入保鲜袋中，4～5日内吃完。

Maple walnut muffin
核桃槭糖玛芬

材料（5个7cm的玛芬）

黄油…50g
细砂糖…50g
槭糖浆…50g
槭糖浆…20g
盐…1小撮
鸡蛋…50g（1个）
低筋面粉…90g
泡打粉…1小勺
牛奶…55mL
核桃…60g

必备工具
碗 / 打蛋器 / 硅胶铲 / 刮板 / 烤箱 / 烤盘 / 菜刀 / 案板 / 叉子 / 保鲜膜 / 电子秤
使用的模具
上口直径7cm的纸质玛芬杯

所需时间
45分钟

难易度
★★☆

| 制作蛋糕面糊（20分钟） | 20分钟 | 将蛋糕面糊倒入模具内烤制（25分钟） | 45分钟 |

制作蛋糕面糊

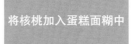

将核桃加入蛋糕面糊中

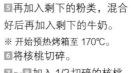

放入170℃的烤箱烤约25分钟。

[1] 将室温下变软的黄油与细砂糖搅打至发白，然后加入槭糖浆搅拌，再加入盐继续搅拌均匀。
[2] 一点点加入放在室温下的蛋液。
[3]～[4] 加入1/2过筛的粉类，搅拌均匀后再加入1/2牛奶，充分搅拌。

[5] 再加入剩下的粉类，混合好后再加入剩下的牛奶。
※ 开始预热烤箱至170℃。
[6] 将核桃切碎。
[7]～[8] 加入1/2切碎的核桃，搅拌均匀。

[9] 将蛋糕面糊倒入玛芬模具中，7分满（约75g）。
[10] 表面撒上装饰用的核桃。
[11] 放入170℃的烤箱烤约25分钟。
[12] 烤好后，为了防止干燥盖上一层布，放置室温下冷却。

用水果制作果酱

制作工序简单。但是，不同水果也有相应的制作窍门。

草莓果酱	猕猴桃果酱	葡萄柚皮果酱

材料

草莓 500g、细砂糖 250g、柠檬汁 25mL、挤好的橙汁 50mL

做法

1 将草莓放入碗内，撒上细砂糖，搅拌均匀后放置 3 个小时，渗出水分。

2 将所有材料放入锅内，用小火煮约 1 小时至黏稠状。撇净表面的浮沫。

材料

猕猴桃 500g、细砂糖 250g、柠檬汁 25mL

做法

1 将猕猴桃切成小丁。把所有材料放入平底锅内，开中小火煮约 10 分钟。

2 趁猕猴桃鲜艳的黄绿色还未发生变化之前，倒入碗内，再将碗放入冰水内快速冷却。

材料

葡萄柚 500g、细砂糖 250g

做法

1 将葡萄柚果肉剥出，只用果皮做成酸果酱。用水和盐清洗干净果皮上的蜡。

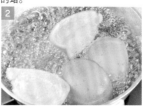

2 焯 2～3 次水，去掉涩味。果皮切成细丝，与细砂糖一起煮约 20 分钟。

制作浓稠甜蜜的果酱也有窍门

　　水果的果实和果皮中含有一种叫作果胶的天然凝胶剂成分。溶于水的果胶与糖和酸一起加热时会变得浓稠，这就是果酱。

　　富含果胶的水果有柑橘类、苹果、桃子、无花果等，只需与砂糖一起煮就大功告成了。另外，像草莓、猕猴桃、柿子、梨等果胶含量较低的水果制作时需要加入柑橘类的果汁，增加黏稠度。

　　果酱如果保存得当，可以保存约半年。

玻璃瓶用热水消毒

将玻璃瓶与瓶盖放入热水中浸泡约 15 分钟，用夹子夹出来。擦干水汽，装入果酱，再放入水中煮沸。

Scone

司康

英国的传统点心，口感松脆。可搭配果酱或奶油食用。

Scone

司康

材料（8～9个7cm的司康）

低筋面粉…150g
泡打粉…1/2 大勺
盐…1 小撮
细砂糖…1/2 大勺
黄油…75g
蛋黄…10g（1/2 个）
牛奶…50mL

必备工具

碗 / 托盘 / 万用网筛 / 刮
板 / 擀面杖 / 烤箱 / 烤盘
/ 操作台 / 勺子 / 保鲜膜
使用的模具
直径 5cm 的圆环

制作面团

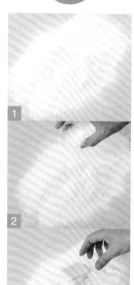

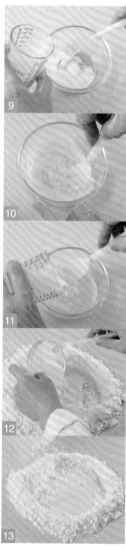

Point!

材料足够冰，
司康才会更酥脆
材料需放入冰箱冷藏备用。
夏天制作时，需要调低室内
温度，使用的操作台和手都
要充分冷却。

1 用万用网筛将冷却的低
筋面粉与泡打粉一起过筛
到操作台上。
2 加入盐和细砂糖。
3 将冷却的黄油从冰箱中取
出，立即放到低筋面粉上。

4～**5** 用两个刮板将黄油与
面粉搅拌细腻，注意不要让
黄油溶化。
6～**7** 黄油变成黄豆粒大小
后再改用双手揉搓，让黄油
与面粉充分融合。最后整体
变成颗粒状。
8 整体呈黄色后，将面粉围
成圆圈。

9～**10** 往蛋黄中加入少量牛
奶，然后用勺子充分搅拌。
11 搅拌均匀后再加入剩下的
牛奶，继续搅拌。
12～**13** 将牛奶与鸡蛋的混合
物倒入步骤**8**的中间。

136

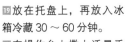

放入冰箱冷藏
30 ～ 60 分钟。

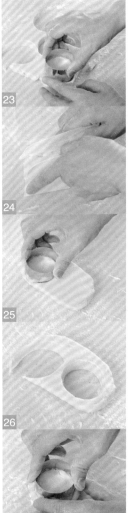

Point!

表面刷上一层牛奶

刷上牛奶的司康会呈现出质朴的光泽。如果刷上蛋黄＋水，烤好的司康则会呈现出金黄色的光泽感。

放入 180℃ 的烤箱烤约 20 分钟。

14～15 将四周的面粉向中央推，用刮板切拌。注意不要揉。

16～18 反复用刮板切拌。搅拌至残留少许干面粉时，团成一团，用保鲜膜包裹。

19 放在托盘上，再放入冰箱冷藏 30 ～ 60 分钟。

20 在操作台上撒上适量手粉（另备高筋面粉），将保鲜膜去掉，用擀面杖擀成 长 22cm× 宽 15cm× 厚 3cm 的长方体。

※ 开始预热烤箱至 180℃。

21～22 在圆环内撒上少许低筋面粉（另备），将面团压成一个个的圆形。

23～24 将面团全部压成圆形后，再用刮板将剩下的面团团成一团，并用擀面杖擀开。

25～26 擀好后，再用模具压成圆形。

27 同样将剩下的面团团成一团，擀好后压成圆形。

28 烤盘铺上烤盘纸，将面团摆放在烤盘上，用毛刷在表面刷上一层牛奶（另备）。

29 放入 180℃ 的烤箱烤约 20 分钟。

30 烤好后的状态。可根据个人喜好搭配奶油或果酱。

橙子百里香司康
肉桂无花果司康

橙子百里香
司康

肉桂无花果司康

制作橙子百里香司康

橙子百里香司康

材料（8～9个司康）

低筋面粉…150g
泡打粉…1/2 大勺
盐…1 小撮
细砂糖 1/2 大勺
黄油…75g
蛋黄…10g（1/2 个）
牛奶…50mL
橙子皮…1/3 个份
百里香（新鲜）…少许

肉桂无花果司康

材料（8～9个司康）

低筋面粉…150g
泡打粉…1/2 大勺
盐…1 小撮
细砂糖…1/2 大勺
黄油…75g
蛋黄…10g（1/2 个）
牛奶…50mL
无花果干…40g
肉桂粉…1/2 小勺

必备工具
碗 / 托盘 / 刮板 / 擀面
杖 / 烤箱 / 烤盘 / 菜刀
/ 操作台 / 案板 / 勺子 /
保鲜膜

使用的模具
直径 5cm 的圆环

所需时间
70分钟

难易度
★★☆

1 将充分洗净的橙子削下薄薄的皮，再切成碎末。
2 将新鲜的百里香叶切成碎末。
3～4 将冷藏过筛的低筋面粉与泡打粉加入盐和细砂糖，然后再放入切成小块的黄油，最后加入百里香和橙子皮。

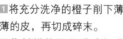

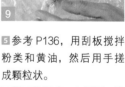

5 参考 P136，用刮板搅拌粉类和黄油，然后用手搓成颗粒状。
6 将面粉围成一个圆圈，往中央倒入蛋黄与牛奶的混合物。
7～9 将面粉与蛋液混合均匀后，再用刮板反复切拌，最后团成面团，裹上保鲜膜。

制作肉桂无花果司康

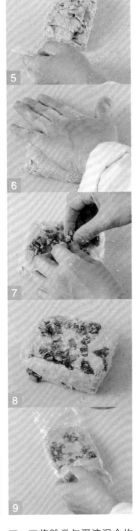

10 放入冰箱冷藏 30～60 分钟。

11 在操作台上撒上适量手粉（另备高筋面粉），将面团擀成长 22cm×横 15cm×厚 3cm 的长方体，用模具压出形状。

※ 开始预热烤箱至 180℃。

12～14 烤盘内铺上烤盘纸，摆上面团，在表面刷上牛奶（另备），放入 180℃的烤箱烤约 20 分钟。

1 将无花果干切碎。

2 将低筋面粉、泡打粉、肉桂粉一起过筛。

3 将蛋黄与牛奶混合均匀。

4 黄油与粉类混合好后，围成一圈，往中央倒入步骤 3。参照 P136 用刮板切拌粉类与黄油，再用手搓成颗粒。

5～6 将粉类与蛋液混合均匀后，再用刮板反复切拌，最后团成面团。

7～9 将无花果碎撒到面团上，用手按压进去。翻面重复此步骤，最后裹上保鲜膜。

10 放入冰箱冷藏 30～60 分钟。

11 在操作台上撒上适量手粉（另备高筋面粉），将面团擀成长 22cm×宽 15cm×厚 3cm 的长方体，用模具压出形状。

※ 开始预热烤箱至 180℃。

12～14 烤盘内铺上烤盘纸，摆上面团，在表面刷上牛奶（另备），放入 180℃的烤箱烤约 20 分钟。

方便的水果干

水果干浓缩后的酸甜味道与新鲜水果截然不同。

椰枣干

由枣椰树的果实干燥而成。与柿子干有点相似，甜味高级，去核后使用。

无花果干（白）

整颗果实干燥而成。肉厚、味甜。无花果肉吃起来有"嘎吱嘎吱"的口感。

树莓干

特征是味道微酸。可以搭配甜巧克力来弱化酸味。

草莓干

冻干草莓。捣碎后草莓的香味和酸甜味就出来了。建议添加到糕点的面糊里。

大家熟悉的葡萄干有这么多种类！

❶绿葡萄干

阴凉处晾干后，再干燥而成的葡萄干。味微甜微酸。主产地是中国。

❷黑葡萄干

无籽小粒的葡萄干燥而成。紫色的酸味强烈。

❸无籽葡萄干

短时间日晒而成，因此色泽较浅、果肉较软。

❹成串葡萄干

最具代表性的是用原产自加利福尼亚的整串葡萄干燥后，再去掉树枝制成。甜味较强烈。

❺带枝葡萄干

葡萄颗粒大、籽少。带枝直接干燥，甜味更浓郁。

不同的干燥方式，味道也会有差异

　　将水果的水分蒸发干燥而成的水果干浓缩了甜味和酸味。如今，根据水果的大小、形态、水分含量等出现了各种各样的干燥方法，即使是同一种水果，用不同的干燥方法做出的味道也会不一样。

　　水果干一般含水量约15%，而半干水果水分含量约35%。果肉的口感和风味还保留了新鲜水果的特点。葡萄干、蔓越莓干一般加入奶油中搭配蛋糕一同享用。

　　冻干水果是通过速冻技术将水果冷冻后再利用真空状态快速脱水制成的，水分含量仅有5%。可用于保留草莓、杧果等原本色彩鲜艳的糕点制作，口感更酥脆，还适合与不喜欢水分的巧克力搭配。

水果酥

漂亮的层次是成功的标志！酥脆的口感与醇厚的卡仕达酱完美搭配。

水果酥

材料（6个5.5cm的水果酥）

折叠派皮的材料

- 低筋面粉…60g
- 高筋面粉…60g
- 黄油（和面用）…15g
- 盐…1小撮
- 冷水…60mL
- 黄油…90g

慕斯奶油的材料

- 糕点师奶油
  - 蛋黄…40g（2个）
  - 细砂糖…50g
  - 低筋面粉…20g
  - 牛奶…200mL
  - 香草荚…1/6根
- 黄油…150g

装饰用水果

- 草莓…4颗
- 蓝莓…6个
- 猕猴桃…1个
- 橙子…1/2个
- 树莓…6颗
- 黄桃…1/4个

镜面果胶的材料

- 杏子果酱…50g
- 水…25mL

必备工具

锅/碗/托盘/打蛋器/硅胶铲/刮板/擀面杖/万用网筛/烤箱/烤盘/菜刀/操作台/案板/毛刷/裱花袋/圆形裱花嘴（直径1cm）/刷子/保鲜膜/保鲜袋

使用的模具

直径4.5cm的圆形模具和直径7cm的波形模具

所需时间
280分钟

难易度
★★☆

制作折叠派皮

Point!

为什么放在碗内
混合粉类呢？

先将面粉放在碗内混合后再转移到操作台上。粘手的面坯更容易成面团团。

1 制作用于折叠派皮的面团。首先，将低筋面粉和高筋面粉混合。

2～4 将步骤1中的面粉过筛到碗内，再加入黄油、盐，快速搅拌。

5～6 加入冷水，用叉子搅拌均匀。

7～8 用刮板将碗内的面刮到操作台上，再将面粉聚到一起，用手掌按压式揉面。将面团揉成圆形，然后用手掌按压。

9～11 手掌从远及近盖住2/3的面团，揉成半圆状。再顺时针旋转1/6，重复该动作。

12～13 将面团揉至表面光滑，其软度与耳垂的软度差不多，整理成球状，再用刀切出十字花刀，切入面团一半即可。

> 放入冰箱松弛
> 约 60 分钟。

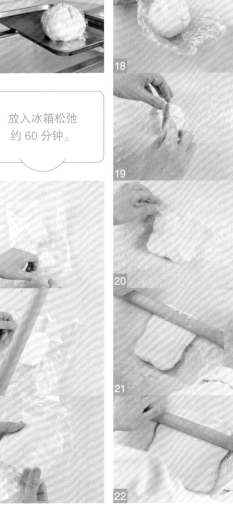

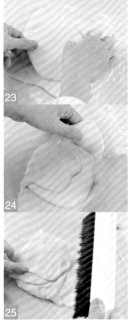

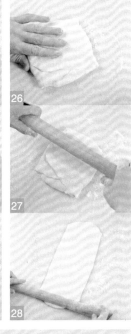

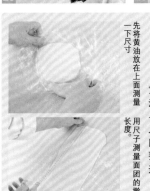

先将黄油放在上面测量一下尺寸 用尺子测量面团的擀制长度

Point!
**黄油冷却发硬的状态
下包入面团中**

黄油太软的话会从面团中溢出来。先将黄油冷藏至与面团硬度一致后，再包入面团中。擀制黄油与面团时，不要靠目测，而是要用尺子测量具体尺寸，这样才不至于过度擀制。

14 裹上保鲜膜放在托盘内，再放入冰箱松弛约 60 分钟。
15 将冷藏好的 90g 黄油装入保鲜袋内。
16 用擀面杖敲打保鲜袋，将黄油敲打成 12cm×12cm×1cm 的形状。
17 黄油的硬度最好是折叠后不会断裂的程度。

18～20 在操作台上撒上适量手粉（另备高筋面粉），取出面团放在操作台上，将切口往四面展成正方形。
21～22 用擀面杖擀成边长约 18cm 的正方形。考虑到需要像步骤 24 那样包上黄油，请将面团擀成合适的尺寸。

23 将黄油放在面团的对角线上。
24 将面团从四方向中间折叠盖住黄油。注意不要进入空气，保持面团厚度一致。
25 黄油与面团必须紧贴合，包好后再用刷子刷掉多余的面粉。

26～28 包好后，将面团放到撒满手粉（另备高筋面粉）的操作台上，用擀面杖按压式一点点擀制，擀成长 45cm×宽 15cm 的长方形。当前后两端擀出圆弧后，可以用擀面杖的侧面从外向里推面团，上下左右擀制，擀成长方形。

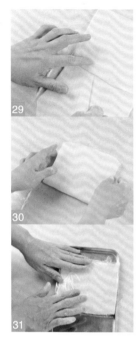

放入冰箱松弛
60 分钟。

放入冰箱松弛。

整形

29 撒上低筋面粉，将面团向里折叠 1/3，用刷子刷净表面的面粉。

30 然后将另一侧面团向里折叠 1/3，再中间对折成正方形。重复步骤 28～30。

31 裹上保鲜膜，放在托盘里，再放入冰箱松弛约 60 分钟。

32 操作台上撒上适量手粉，用擀面杖擀制。

33 擀成长 45cm× 宽 15cm。

34 再折叠 3 下。

35～37 按照"旋转 90°，用擀面杖擀制，再折叠三下"的工序，重复 2 次，共计折叠 6 下。每折叠一次，用手指按出手印，这样可以避免出错。

38～39 用擀面杖将三折后的面团擀成长 15cm× 横 25cm 的长方形。

40～41 将面团放在平整的案板上，盖上保鲜膜防止干燥，放入冰箱松弛。

※ 开始预热烤箱至 200℃。

42 将鸡蛋（材料量外）搅打成蛋液，用糖粉筛过滤。

43～44 将面团从冰箱中取出，用直径 7cm 的波形模具压成圆形。其中一半压好的面团再用 4.5cm 的模具压出圆形。

45 将圆形面团放在铺好烤盘纸的烤盘上。再用毛刷刷上步骤 42 过滤好的蛋液。

144

46

47

48

放入 200℃的烤箱烤约 10 分钟，再用 180℃烤约 10 分钟。

49

制作慕斯奶油

50

51

52

53

54

55

装饰水果、涂上镜面果胶

56

57

58

59

60

61

62

46～47 在刷了蛋液的面团上叠加放上中央镂空的面团，再刷上蛋液。

48 放入 200℃烤箱烤约 10 分钟，将烤箱温度降至 180℃后继续烤约 10 分钟。

49 烤好后，直接放置室温下冷却。

50 将牛奶与纵切的香草荚放入锅内，加热。碗内放入蛋黄和细砂糖，搅拌均匀后再依次加入低筋面粉和牛奶。

51～52 用锥形网筛过滤到锅内，一边搅拌一边开火加热。

53 加热至沸腾后，倒入碗内，再放入冰水中冷却。

54 用打蛋器搅打室温下变软的黄油，搅打至充满空气。

55 将黄油放入步骤53 中，轻轻搅拌均匀。

56～57 挖出派皮的中心部分。用刀尖沿着内侧圆形的边缘切去派皮。注意不要把派皮切透。

58～59 将步骤55 的慕斯奶油装入裱花袋中，挤到派皮中间。

60 按照图片所示，将水果切好。

61 将水果装饰到派皮的奶油上。

62 将杏子果酱与水放入锅内加热，充分搅拌做成镜面果胶，用毛刷涂在步骤61 上。

145

蝴蝶酥

经典的派类糕点，口感酥脆，甜美可口。

材料（约 10 个蝴蝶酥）

- 低筋面粉…60g
- 高筋面粉…60g
- 黄油（和面用）…15g
- 盐…1 小撮
- 冷水…60mL
- 黄油…90g
- 细砂糖…适量

必备工具

碗 / 托盘 / 刮板 / 擀面杖 / 万用网筛 / 烤箱 / 烤盘 / 烤盘纸 / 不锈钢刮板 / 菜刀 / 操作台 / 案板 / 刷子 / 保鲜膜 / 喷雾 / 保鲜袋

所需时间
215 分钟

难易度
★★☆

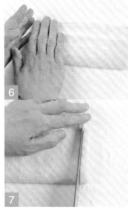

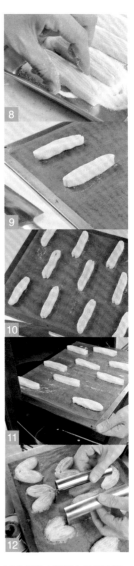

1 参照 P142～P144 制作折叠派皮。从冰箱中取出手粉（另备高筋面粉），撒到操作台上，用刷子刷净多余的面粉。

2 擀成长 20cm×宽 60cm 的长方形，横着放，用喷雾喷上水。

※ 开始预热烤箱至 200℃。

3～**4** 从两端向中间折 2 次，约宽 10cm，再中间对折。

5 裹上保鲜膜，放在托盘上，再放入冰箱中冷藏约 30 分钟。

6～**7** 将面团取出放到案板上，撒上细砂糖，再切成 1cm 宽的长条。

8 在长条上粘满大量细砂糖。

9～**10** 切口朝上摆放在烤盘上。烤制后会膨胀，所以需保持 10cm 的间隔。

11～**12** 放入 200℃的烤箱烤约 25 分钟。烤至上色后，翻面，用不锈钢刮板整形，然后再继续烤。烤好后撒上细砂糖。

第 4 章

简单糕点、甜点

了解乳制品

乳制品是蛋糕面糊、奶油和装饰中必不可少的材料。

认识糕点制作不可缺少的三大乳制品

牛奶、鲜奶油、黄油等乳制品是糕点制作不可缺少的原料。这些乳制品都是由牛奶加工而成，可以为糕点增添香醇和风味。它们还是制作搅打奶油、糕点师奶油的主原料，也经常作为增加糕点风味的辅助材料。

乳制品属于生鲜食品，开封后需密封后冷藏保存。不管有没有到保质期，开封后要尽快用完。

乳脂含量约 3.7%。起到补足水分，让糕点口感更顺滑的作用。

黄油

乳脂含量 80% 以上。用从牛奶中提出的脂肪制作而成的乳制品。无盐黄油最适合糕点制作。

鲜奶油

乳脂含量在 35%～50%。从牛奶中提取的脂肪。一般打发后当奶油使用。

根据风味和味道选择适合制作糕点的乳制品

除了牛奶、鲜奶油、黄油之外，还有其他乳制品也会经常用于糕点制作。比如，奶酪蛋糕经常会用到酸奶油和奶油奶酪，独具风味的糕点常用到发酵黄油，制作冷甜点时经常使用酸奶等，大家可以根据制作需求选择相应的乳制品。另外，脱脂奶粉为粉末状，因不含任何乳脂成分可长时间保存，但要注意防潮，务必密封保存。

适合蛋糕制作的乳制品

❶脱脂奶粉
鲜牛奶脱去脂肪干燥而成的粉末状脱脂奶。可常温保存。

❷酸奶油
鲜奶油中加入乳酸菌发酵而成。特点是有酸味。

❸酸奶
牛奶或脱脂牛奶内加入乳酸菌或酵母发酵而成。

❹奶油奶酪
牛奶中加入鲜奶油而成的未成熟的全脂奶酪。口感细滑。

❺发酵黄油
鲜奶油加入乳酸菌后发酵而成。一般选用无盐款。

Madeleine

玛德琳蛋糕

一款简单的小甜品，咬一口，香甜的味道在口中渐渐弥漫。

Madeleine

玛德琳蛋糕

材料（14个玛德琳蛋糕）

鸡蛋…100g（2个）
细砂糖…50g
蜂蜜…60g
低筋面粉…75g
泡打粉…3/4 小勺
黄油…90g

必备工具

深锅 / 碗 / 打蛋器 / 硅胶
铲 / 网筛 / 糖粉筛 / 烤
箱 / 烤盘 / 毛刷 / 裱花
袋 / 圆形裱花嘴（直径
1cm）

使用的模具
玛德琳模具

所需时间
35 分钟

难易度
★★☆

准备模具	制作蛋糕糊

Point!

溶化黄油时选用
大一点的锅

锅太小的话，黄油产生的泡
沫会溢出锅外。需要准备稍
微深一点的大锅。

黄油产生的气泡会超过原本体积
的3倍

1～2 用毛刷在模具上刷满
室温下变软的黄油（另备），
再放入冰箱冷藏。

3 黄油凝固后再涂上一层
黄油。

4 在模具上筛上高筋面粉
（另备），去掉多余的面粉，
放入冰箱冷藏备用。

5～6 将低筋面粉与泡打粉
一起过筛。

7～8 将黄油放入深锅内，
开中火加热溶化，加热至开
始冒大泡、上色后，关火。

9 黄油呈茶色后，为了防止
烧焦，可以将锅放入冰水
中冷却。

10～11 将鸡蛋打入碗中，再
加入细砂糖，用打蛋器充
分研磨式搅拌。

放入200℃的烤箱烤约8分钟，再用170℃烤约7分钟。

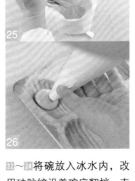

12～13 将细砂糖与蛋液搅匀后，加入蜂蜜，继续搅拌。

14～16 加入步骤6的低筋面粉与泡打粉。用打蛋器垂直搅拌，搅得慢一些，不要打发。

※ 开始预热烤箱至200℃。

17～21 分3次加入步骤9的焦黄油中，充分搅拌至乳化。

Point! 如果一次性全部加入黄油，油脂会漂浮在上面，搅拌不开。一点点加入更容易搅拌均匀。

22～24 将碗放入冰水内，改用硅胶铲沿着碗底翻拌，直至整体细腻光滑。最好搅拌至如步骤24的图片所示，面糊能缓缓落下来的状态。

25 将面糊装入装好裱花嘴的裱花袋内。

26 将模具从冰箱中取出，挤出面糊。

27 模具内的面糊装入8分满即可。

28 将模具放入烤箱中。

29 放入200℃烤箱烤约8分钟，膨胀后再将温度降至170℃继续烤约7分钟。中间膨胀得很大说明烤得好。

30 将模具翻过来向操作台上摔几下，令蛋糕脱模。

151

提升糕点格调的红茶

茶叶的香气和涩味让甜点时光更具氛围。

阿萨姆红茶	大吉岭茶	格雷伯爵茶

味道醇厚的红茶

用原产于印度的茶叶发酵而成，具有独特又浓郁的涩味。制作糕点时，可以将红茶煮好后加入。

芬芳高雅的一级红茶

大吉岭茶具有浓烈的涩味，还有像麝香葡萄一样的水果味。制作糕点时，可以加入茶叶增添高级感。

具有特殊香味和甜味的红茶

以红茶为茶基，用芳香柑橘类水果香柠檬的外皮中提取的油加以调味而成。适用于制作加入各种果实的糕点。

红茶的冲泡方法

1 将茶叶放入温热的茶壶中，根据饮用人数酌情加入适量茶叶。

2 从20～30cm高处快速冲入刚煮沸的开水。

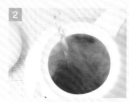

3 确认茶叶浮在表层后，再盖上茶壶盖。

4 放入用于保温的茶壶保温套中焖5～6分钟。

5 过滤茶叶，将红茶倒入茶杯中。

茶叶为什么浮动？

注入开水时，空气导致茶壶中的茶叶上下运动。这样茶叶的味道和香气才会充分萃取出。

将茶叶的香气和涩味，巧妙运用到糕点制作中

众所周知，英式下午茶中的红茶与甜点是最佳搭档。除此之外，红茶其实还可以用于各种糕点的制作中。可以将茶叶直接加入，揉进蛋糕面团中；也可以将红茶煮好后加入酱汁或果冻中，为糕点增添红茶香味。

将茶叶直接加入蛋糕糊时，如果茶叶太大，可以用刀背或擀面杖碾碎后再使用。红茶香味浓郁，少量加入即可。红茶煮好后再用时，注入沸腾的开水或牛奶，焖3分钟再使用。制作果冻时，茶水需冷却后再使用。

制作糕点时，可根据个人喜好选择红茶种类。一般烤制糕点会选择涩味强烈的阿萨姆红茶。也可以选用更便捷的茶包。

照片摄影：奥野伸太郎、长崎昌夫（摘自《红茶教科书》《一本书搞懂一切的红茶事典》）

Cookie

曲奇

非常适合新手操作！一款能让你充分享受烘焙乐趣的点心。

冰盒曲奇

挤花曲奇

冰盒曲奇

材料（约25枚曲奇）

黄油…120g
盐…1小撮
糖粉…60g
蛋黄…20g（1个）
低筋面粉（原味面团用）…90g
低筋面粉（可可面团用）…80g
可可粉（可可面团用）…10g

必备工具

碗 / 托盘 / 打蛋器 / 硅胶铲 / 刮板 / 擀面杖 / 万用网筛 / 烤箱 / 烤盘 / 烤盘纸 / 菜刀 / 案板 / 保鲜袋

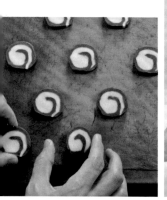

所需时间
75分钟

难易度
★★☆

制作面团
（15分钟）

制作面团

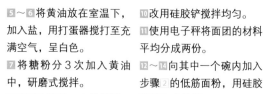

1～2 将低筋面粉用万用网筛过筛(原味面团的材料)。

3～4 将低筋面粉与可可粉轻轻混合后，再用万用网筛过筛(可可面团的材料)。两种以上的粉类同时过筛时应先混合再过筛，这样粉类质地一致。

5～6 将黄油放在室温下，加入盐，用打蛋器搅打至充满空气，呈白色。

7 将糖粉分3次加入黄油中，研磨式搅拌。

8 再加入蛋黄，充分搅拌。

9 将粘在打蛋器上的蛋糕糊用手指捋回碗中。

10 改用硅胶铲搅拌均匀。

11 使用电子秤将面团的材料平均分成两份。

12～14 向其中一个碗内加入步骤2 的低筋面粉，用硅胶铲按压式搅拌。

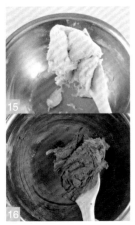

整形

放入冰箱松弛
约 30 分钟。

放入 180℃的烤箱烤
约 15 分钟。

15 如图所示，搅拌成面团。

16 将步骤 加入步骤 11 另一半蛋糕糊内做成可可面团。

17 ~ 18 将步骤 的面团装入保鲜袋内，用擀面杖擀成 13cm×17cm×5mm 的长方形。

19 用刮板将四边修饰整齐。

20 再将可可面团擀成同样大小。

21 将保鲜袋两边切开。

22 ~ 23 任选一块面团放在下面，另一块再重叠盖上。

24 ~ 25 去掉上面的保鲜袋，手持下面保鲜袋的两端，将面皮卷起来，注意不要进入空气。

26 卷好后，卷边朝下放置，用刮板整理形状。

27 放入托盘内，再放入冰箱中松弛约 30 分钟。

※ 开始预热烤箱至 180℃。

28 冷却后，切成宽 1cm 的薄片。连同保鲜袋一起切，这样不容易碎。

29 ~ 30 撕下外层的保鲜袋，摆放到铺好烤盘纸的烤盘上，放入烤箱中。

31 放入 180℃烤箱烤约 15 分钟，烤至表面芬芳、中间熟透。

制作面糊 （10分钟）	10分钟	整形 （10分钟）	20分钟	烤制 （20分钟）	40分钟

材料（约25枚曲奇）

发酵黄油…150g
盐…1 小撮
香草荚…1/4 根
糖粉…60g
香草油…2 ～ 3 滴
蛋白…25g
低筋面粉…170g

装饰材料

[樱桃、杏仁、无花果等
…各适量

必备工具

碗 / 打蛋器 / 硅胶铲 / 万
用网筛 / 糖粉筛 / 烤箱 /
烤盘 / 烤盘纸 / 裱花袋 /
星形裱花嘴（直径 1cm）

所需时间
40分钟

难易度
★☆☆☆☆

制作面糊

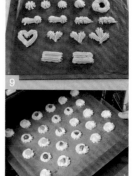

整形

放入 170℃的烤箱烤
约 18 分钟。

1 发酵黄油放在室温下变软，用打蛋器搅打至白色，加入盐后继续搅拌均匀。
2 加入香草籽。
3 分三次加入糖粉，充分搅拌。
4 加入香草油、蛋白，充分混合。
※ 开始预热烤箱至 170℃。

5 ～ 6 加入过筛的低筋面粉，用硅胶铲轻轻按压式搅拌均匀。
7 将面糊装入装好星形裱花嘴的裱花袋内。
8 将面糊挤到铺好烤盘纸的烤盘上，挤成圆形。再根据个人喜好装饰上樱桃或坚果。

9 除了圆形，还可以挤成心形等自己喜欢的形状。
10 挤好后放入烤箱中。
11 在 170℃的烤箱烤约 18分钟。出炉后冷却，再筛上糖粉（另备）。
12 步骤 9 烤好后的样子。

猫舌饼干

一款外形像"猫舌"一样的小点心，拥有入口即化的奇妙口感。

Langue de chat

猫舌饼干

材料（约35枚）

黄油…50g
糖粉…50g
盐…1 小撮
香草油…2 ～ 3 滴
蛋白…50g
低筋面粉…50g

必备工具

碗 / 打蛋器 / 硅胶铲 / 刮板 / 万用网筛 / 烤箱 / 烤盘 / 烤盘纸 / 裱花袋 / 裱花嘴（直径 8mm、圆形）/ 勺子 / 木棒（直径 8mm）/ 工作手套

所需时间
40 分钟

难易度
★★☆

制作面糊

Point!
利用手的温度
软化黄油

如果温度太低，可以铺上一层保鲜膜，用手按压黄油变软。

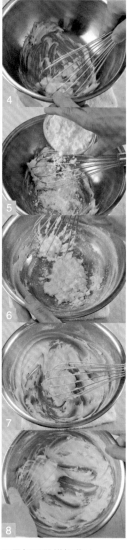

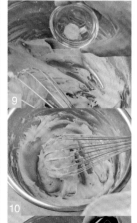

Point!

1 将低筋面粉用万用网筛过筛。
2 ～ 3 黄油放在室温下变软。如果一直不变软，可以用手指按压，利用手指的温度软化黄油。

4 用打蛋器搅打黄油。
5 ～ 7 将糖粉分 3 次一点点加入，充分搅拌均匀。
8 搅拌至如图所示呈白色。

9 ～ 10 加入盐，继续搅拌。
11 ～ 12 加入香草油，混合均匀。
13 将蛋白分 2 ～ 3 次，一点点加入，搅拌均匀。

Point! 如果蛋白温度太低，黄油会凝固，导致水油分离；鸡蛋也需提前放置室温下。

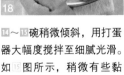

整形

放入 180℃的烤箱烤约 12 分钟。

Point!

冷却后就没法卷了

如果等猫舌饼干冷却后再卷的话，饼干变硬一卷就会碎掉。一定要趁热卷。

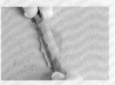

冷却后再卷的话容易断。

14~15 碗稍微倾斜，用打蛋器大幅度搅拌至细腻光滑。如 15 图所示，稍微有些黏稠即可。

16~18 倒入步骤 1 的低筋面粉。搅拌均匀即可，注意不要过度搅拌。

※ 开始预热烤箱至 180℃。

19 将一半面糊倒入装好裱花嘴的裱花袋内。

20 用手按压住裱花袋，再用刮板将面糊向裱花嘴方向刮。

21 在铺好烤盘纸的烤盘上挤出长 5cm 的长条，保持间隔。

22 放入烤箱中。

23 将另一半面糊用勺子舀到铺好烤盘纸的烤盘上，摊成约直径 5cm 的薄圆形。

24 放入烤箱中。也可以自由发挥挤出其他形状。

25~26 将步骤 22 和步骤 24 的饼干面糊分别放入 180℃烤箱烤约 12 分钟。

27 烤好后，出炉。步骤 22 的饼干直接放在室温下冷却。步骤 24 的饼干需趁热用木棒卷起来。如果太烫，可以戴上手套操作。

28 卷边朝下放置，按压约10 秒后，抽出木棒。

29 放在一旁冷却即可。

散发着甜蜜高贵香气的香草

关于散发着温和香气的香草

香草荚

由香草的果实干燥、发酵而成。放在牛奶或水中煮，将香味转移到液体中再使用。或者刮下香草籽放入蛋糕、冰激凌等中使用。

刮出香草籽混入面糊中

如果想给糕点增添香草味，可以用刀尖将香草籽刮下来，再混入面糊中。

1 用厨房剪刀将香草荚竖着剪成两半。

2 锅内放入牛奶（或者水），将香草荚和香草籽放入锅中开小火煮。

3 搅拌几下，煮2～3分钟，煮出香草的香甜味道。

4 香味出来后，另取一只锅，用锥形网筛过滤出香草荚，保留香草籽。

香草油

从香草荚中提取出来的香料。适用于糕点制作。

易融于油脂中，即使用烤箱高温加热也很难挥发。可以在糕点面糊中加入数滴。

香草精华

与香草油一样，也是从香草荚中提取出来的香料。适合制作果冻和冰激凌。

香味在加热后容易挥发，如果制作时有加热工序，可以等冷却后再加入。

多重复杂的工艺才造就出香草迷人的香甜味道

香草是一种兰花科植物，可结出长15～30cm、细长豌豆状的绿色果实。糕点制作中用到黑色细长香草荚，需要将这种绿色豆荚经过熏蒸、反复日晒干燥和熟制发酵等多个工序制作而成。

常见的市售香草有波旁香草和塔希提岛香草两种。波旁香草有股奶香味，是最常见的香草；塔希提岛香草有水果的甜味，还有类似大茴香的特殊香味。

使用时需将香草荚竖着切开直接使用，或者刮出香草籽，将香草荚和香草籽放入牛奶或热水中煮出香味。香草精油是将香草籽蒸馏而成的香料制剂，香草油是将香草荚压榨出油的香料。前者适合制作冷甜点，后者适合制作需要加热的糕点。

Sweet potato

烤甜薯

红薯的香甜让人难以抗拒，这是一款温暖人心的点心。

Sweet potato

烤甜薯

材料（6个）

红薯…1.5根（400g）
细砂糖…40g
黄油…30g
鲜奶油…50mL
白兰地…1大勺
蛋黄…20g（1个）

必备工具

蒸锅／不粘平底锅／碗／木铲／硅胶铲／刮板／网筛／尺子／烤箱／烤盘／菜刀／案板／毛刷／裱花袋／圆形裱花嘴（直径8mm）／抹布

使用的模具

纸质蛋糕杯

制作红薯泥

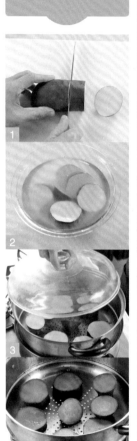

立着木铲压红薯会费时费力。

Point!

**木铲放平，
挤压式过筛**

如果木铲立着使用，与红薯的接触面积较少，很难过筛。

所需时间
65分钟

难易度
★★☆

---

1 红薯清洗干净，带皮切成宽2cm的圆形。

2 将红薯片浸泡在水里去除涩味。

3~4 蒸锅内加入水，将红薯放在蒸屉上，蒸约20分钟。如果没有蒸屉，可以将整根带皮红薯放在水里煮透，再切成小块备用。

5 用竹签插一下红薯，如果能轻松穿过就说明蒸好了。

6 去掉红薯皮。

7~8 将万用网筛放在铺展的抹布上，一点点过筛红薯。将木铲放平，用手掌按压着来回碾压红薯。

Point! 木铲放平，尽量与万用网筛保持平行。

9~10 用刮板刮净残留在万用网筛背面的红薯泥。

11 将红薯泥放入平底锅中。

Point! 选用带有不粘涂层的锅具，可以防止红薯粘锅。

12 在锅内加入细砂糖和黄油。

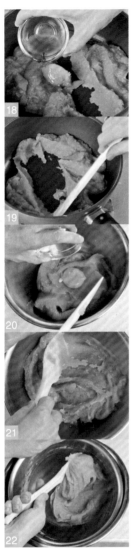

成形

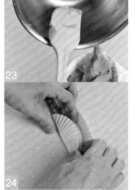

放入 180℃的烤箱烤约 15 分钟。

Point!

也可以盖上铝箔纸放入电烤炉中烤

如果没有烤箱也可以用电烤炉烤。上面盖上一层铝箔纸，可以避免烤焦。

加热时间约 15 分钟。烤至上色为止。

13 加入鲜奶油，开中火加热。

14～16 一边加热蒸发掉水分，一边用硅胶铲搅拌。

17 当水分蒸发至如图所示，用硅胶铲铲起红薯泥而红薯泥不会掉落时，就可以关火了。

18～19 加入白兰地，快速搅拌，移入碗中。

20～21 加入蛋黄充分搅拌。

22 然后放入冰水中冷却，继续搅拌。

※ 开始预热烤箱至 180℃。

23 将冷却后的红薯泥装入已装好裱花嘴的裱花袋内。

24 用尺子按压蛋糕纸杯，在底部压出形状。

25 在纸杯内画圆式挤出螺旋状红薯泥。

26 为了烤出光泽感，在表面刷上一层蛋黄液（另备）。

27 将纸杯红薯泥均匀摆放到烤盘上，放入烤箱中。

28 用 180℃烤约 15 分钟。烤至表面呈金黄色即可。

烤箱的正确使用方法

烤制不顺利？花点心思解决烦恼吧！

| 烦恼 1 | 表面烤焦 | 烦恼 2 | 下面容易焦 | 烦恼 3 | 上色不均 |

解决！

盖上铝箔纸

糕点之所以里面烤不熟而表面烤焦了，是因为上火太强，最好不要让糕点表面直接接触热源。

解决！

重叠一个烤盘

糕点底部烤煳是因为下火太强了，可以再摞上一层烤盘，让底部受热更柔和。

解决！

中途调换位置

如果一部分糕点上色了，可以中途调换一下位置。在烤制时间过了 2/3 后可以调换位置。

入烤箱前的注意事项

预热

烤制糕点前，烤箱需要提前预热。烤箱整体充满热气，糕点才能上色更漂亮。

糕点保持合适间隔

糕点之间如果离得太近，烤制过程中容易因膨胀触碰到一起，这样会导致膨胀不充分。

确认容器的材质

不可以使用漆器和塑料制品。必须先确认容器为耐热容器后再使用。

熟悉烤箱特征，烤出更完美的糕点

如果严格按照本书规定的烤制时间仍导致糕点烤焦或夹生，一般都是因为没有正确使用烤箱导致的。

烤制前需要预热。预热就是让烤箱部变热的工序。如果预热不充分就会导致烤箱热气不足，最终影响糕点上色。

此外，烤制过程中打开烤箱门会导致烤箱温度骤降，所以不要随意开门。如果想要确认烤制情况，可以隔着玻璃窗观察，当觉得火力不足时可以上调 10 ～ 20℃。遇到必须打开烤箱门的情况，务必快开快关，动作一定要快。

不同的烤箱最终烤出的糕点也不尽相同。燃气烤箱升温快、温度高，烤出的糕点香味四溢；电烤箱火力稍弱，烤出的糕点更湿润。

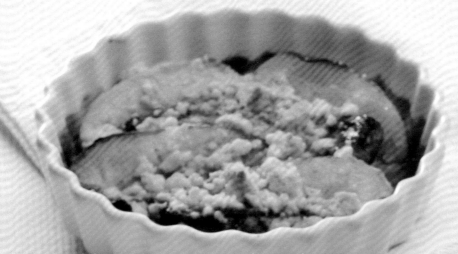

Crumble of banana and apple

香蕉与苹果奶酥

源自英国的传统甜品，口感酥脆。

香蕉与苹果奶酥

材料（2个直径15cm的奶酥）

奶酥材料
- 低筋面粉…25g
- 黄油…15g
- 细砂糖…15g

苹果馅的材料
- 苹果…1个（300g）
- 水…150mL
- 白葡萄酒…60mL
- 细砂糖…45g
- 柠檬片…1片

香蕉馅的材料
- 香蕉…1根（80g）
- 黄油…15g
- 细砂糖…20g
- 朗姆酒…10mL
- 水…15mL

必备工具
锅 / 平底锅 / 碗 / 硅胶铲 / 万用网筛 / 烤箱 / 烤盘 / 菜刀 / 案板 / 勺子

使用的模具
直径15cm的焗饭盘

所需时间
65分钟

难易度
★★☆

制作奶酥（10分钟）	10分钟	制作苹果馅（10分钟）	20分钟

制作奶酥

Point!
快速制作出
粒粒分明的奶酥
制作奶酥时间太久的话会导致黄油融化，整个制作需在5分钟之内完成。

制作苹果馅

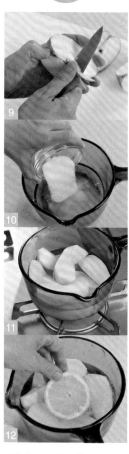

1 将低筋面粉过筛到碗内。
2 黄油切成5mm的小丁，加入1中。
3～4 用指腹按压黄油，让低筋面粉与黄油融合到一起。

5 整体呈颗粒状后，倒入细砂糖。
6～7 用手揉搓成较大的松散颗粒。
8 放入冰箱冷藏备用。

9 将苹果切成8等份，再削掉果核和果皮。
10 锅内放入水、白葡萄酒、细砂糖，搅拌均匀。
11 放入步骤9的苹果，开大火加热。
12 等锅周边开始冒泡后，加入柠檬，改用中火。

Point!	黄油在使用前从冰箱中取出。

将奶酥、香蕉馅、苹果馅装盘

制作香蕉内馅

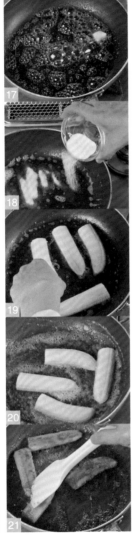

放入190℃的烤箱烤约20分钟。

13～14 用竹签插一下苹果，若能轻松插透，就可以关火了。

15 将苹果连汁一起倒入碗中，冷却。

16 香蕉去皮、筋，纵切成四等份。

17 将黄油放入平底锅中，加热。

18 黄油溶化后，再加入细砂糖。

19～21 等细砂糖溶化后，加入步骤 16 的香蕉，煎至两面上色。

※ 开始预热烤箱至190℃。

22 淋上朗姆酒与水的混合物，烹出香味后关火。如果直接加入朗姆酒容易着火，所以稀释后再加入。

23 将苹果摆放到焗饭盘内。

24 再放上香蕉。

25 在步骤 的平底锅内加入少量的水（另备），熬成酱汁。

26 用勺子将步骤 25 的酱汁淋到步骤 24 上。

27 从冰箱取出步骤 做好的奶酥，撒在上面。

28 将其放入烤箱烤制。

29 在190℃的烤箱烤约20分钟。烤至表面上色后取出。

认识各类香料

正确搭配可以让香味锦上添花。

适合海绵蛋糕

多香果
因有多重香料的香味而得名。香味可以去除鸡蛋等材料的腥味。

辣椒粉
有一股类似蜂蜜的淡淡清香。适用于制作黄油蛋糕。

小茴香
最大的特征是甜甜的香味加少许苦味。可以碾碎后加入蛋糕糊中。

适合巧克力

红胡椒
胡椒树的果实干燥而成,可以增强风味。

卡宴辣椒
红色辣椒粉末。加入巧克力中增添刺激的辛辣味。

豆蔻
具有独特的香味。可磨成粉末后加入少许。

适合果冻、布丁

八角
也叫大茴香。有股甜味,香味浓烈。建议制作杏仁豆腐时使用。

藏红花
番红花的花蕊。一般放进牛奶中上色。

肉桂
由锡兰肉桂的鲜桂皮干燥而成。可以放入牛奶中煮出香味。

适合曲奇、玛芬蛋糕

丁香
辛辣刺激的香味。香味浓烈,使用时加一点即可。

洋茴香
散发着甘甜的芬芳气味。可以与细砂糖混合后撒在烤好的糕点上。

肉豆蔻
散发着辛辣的香味,但加入糕点中,香味变得沉稳。

遮盖材料的腥味,为糕点增添更多香味

烹调饭菜时会用到各种各样的香料,香料主要起到消臭、增香、上色、增辣的作用。而糕点制作主要使用香料的香味。

使用香味浓烈的丁香、小茴香、豆蔻,可以抑制糕点基础原料黄油、牛奶等乳制品和鸡蛋的腥味。此外,使用散发着高级香甜味的肉桂、肉豆蔻、八角等,可以突出糕点的甜味与温和的香味。大家可以根据使用目的选用合适的香料。

用于蛋糕或冰激凌的香料,最便捷的方式就是将粉末混入搅拌均匀即可。如果使用整颗香料时,可以将香料炒出香味,使用前也可以再磨碎,这样香味更浓烈。也可以用水煮,将香料的香味煮到水中,在制作果冻等甜品时经常会用到这种方式。

Belgian waffle

比利时华夫饼

搭配水果或奶油，趁热食用味道更佳。

Belgian waffle

比利时华夫饼

材料（8枚华夫饼）

华夫饼坯的材料
- 低筋面粉…150g
- 细砂糖…20g
- 盐…2g
- 鸡蛋…100g（2个）
- 香草油…2～3滴
- 黄油…60g
- 牛奶…200mL
- 干酵母…3g

装饰材料
- 草莓…300g
- 水…50mL
- 红葡萄酒…60mL
- 细砂糖…30g
- 水溶玉米淀粉
  - 水…1大勺
  - 玉米淀粉…1大勺
- 柠檬汁…2小勺
- 草莓利口酒…1大勺
- 香草冰激凌…适量

必备工具
锅/华夫饼模具/碗/打蛋器/硅胶铲/万用网筛/长柄勺或圆勺/冰激凌勺/菜刀/案板/毛刷/抹刀/温度计/保鲜膜/橡皮筋

所需时间
90分钟

难易度
★★☆

制作华夫饼面糊
（15分钟）

制作华夫饼面糊

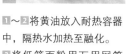

Point!

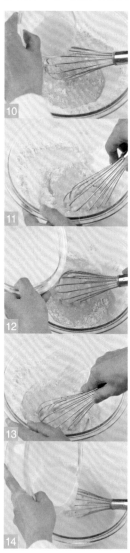

1～**2**将黄油放入耐热容器中，隔热水加热至融化。

3将低筋面粉用万用网筛过筛。

4向加热至37℃左右的牛奶中加入干酵母。

Point! 酵母发酵的最佳温度就是37℃左右。

5～**6**用打蛋器搅拌至干酵母溶化。

7将步骤**3**的低筋面粉、细砂糖、盐放入另一个碗内，混合均匀。

8加入鸡蛋，用打蛋器轻轻搅拌。

9滴2～3滴香草油。

10～**11**倒入步骤**2**的黄油，一边从中间慢慢倒入，一边用打蛋器轻轻搅拌。

12～**14**搅拌至还有少许干面粉时，一点点加入步骤**6**的液体，同时不断搅拌。如果液体一下子全部倒入，容易产生面疙瘩，最好先少倒一点混合。

170

制作装饰材料

烤华夫饼

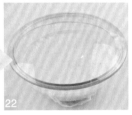

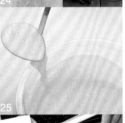

Point!

Point!

产生气泡是
面糊发酵的证据

面糊表面产生气泡说明面坯正在发酵。如果室温达到35℃，可以直接在室温下发酵。

摆盘装饰

15 将面糊搅拌至舀起来可以自然流动的状态即可。

16 裹上保鲜膜，用橡皮筋固定。烤箱发酵功能设定为37℃，发酵约60分钟。

17 用毛刷刷净草莓表面上的污垢，去蒂，切成两半。

18 锅内放入草莓、水、红葡萄酒、细砂糖。

19 开大火，沸腾后改小火。加入玉米水淀粉，不停搅拌至整体黏稠无颗粒。

20～**21** 关火，加入柠檬汁和草莓利口酒，继续搅拌均匀。

22 步骤**16**发酵完成的状态。

23 将华夫饼模具在关闭状态下放在火上两面加热。

24 烧热后，用毛刷在模具内抹上黄油（另备）。

25～**26** 用长柄勺舀一勺面糊。烤一张华夫饼大概需要70mL的面糊。

Point!	将模具加热至倒入面糊时会发出"滋滋"声的温度。

27 不停移动炉灶上的华夫饼铛，两面各烤2～3分钟。

28 关火，趁热用抹刀取出。

29～**30** 将华夫饼放入盘内，装饰上冰激凌和步骤**21**的草莓。条件允许的话，还可以装饰上薄荷叶。

171

种类丰富的糕点模具

一点点收集模具也是烘焙的一大乐趣。

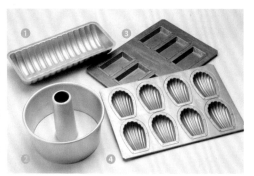

❶鹿背模具

凹凸形模具，制作德国糕点鹿背蛋糕时使用。

❷戚风模具

为了让蛋糕内侧也能均匀受热，中间有一根中空的圆柱。

❸费南雪模具

费南雪在法语中有"有钱人"的意思，因此做成了金条的形状。

❹玛德琳模具

非常受欢迎的贝壳形模具。为了能同时烤制多个蛋糕，模具做成了一整块板状。

❶奶油面包模具

专门用来烤制奶油面包的模具，也可以用来烤黄油蛋糕。

❷巴伐利亚蛋糕模具

最适合制作小小的巴伐利亚蛋糕或果冻。用于各类烤制蛋糕时非常方便。

❸迷你塔模具

用于制作一口一个的迷你塔。种类繁多，有船形、圆形、心形、菊花形等。

❹曲奇模具

用于将面团压成各种造型的模具。有不锈钢材质、塑料材质的，种类丰富。

❺巧克力模具

倒入溶化的巧克力，并使其冷却凝固成形的模具。选择没有伤痕的模具。

常用的基础款模具

正统的基础款模最重视其功能性

首先集齐海绵蛋糕专用的慕斯圈、长方形的磅蛋糕模具、果冻或布丁专用的铝制模具。选择活底模具更容易脱模。

硅胶材质的模具更容易脱模

柔软可弯曲的硅胶模具不容易粘上蛋糕或让蛋糕形状破碎。

脱模也是糕点制作的乐趣之一

贝壳形状的玛德琳、中间有一个大洞的戚风蛋糕等造型独特的模具也是糕点制作的乐趣之一。

即便是糕点初学者只要备好上面介绍的基础款模具，大部分糕点都可以做出来。尤其是慕斯圈可以用烤盘纸卷成模具底（参照P93），做成海绵蛋糕模具，还可以当成压模模具使用。因此，可以备齐不同尺寸，使用更方便。长方形的模具非常适合制作隐形蔬菜蛋糕（加入肉、蔬菜的咸味蛋糕），使用频率很高。

曲奇模具、巧克力模具等造型特别多，非常容易收集，只需选择自己喜欢的即可。除此之外，还可以选择能体现季节感或适合馈赠他人的造型。

Doughnut

甜甜圈

手作糕点的必做款。可以品尝到小时候质朴难忘的味道。

甜甜圈

Doughnut

材料（约12个）

甜甜圈的材料
- 高筋面粉···175g
- 低筋面粉···75g
- 开水···100mL
- 干酵母···4g
- 细砂糖···40g
- 盐···3g
- 黄油···30g
- 脱脂奶粉···10g
- 鸡蛋···50g（1个）
- 香草油···2～3滴

肉桂糖的材料
- 肉桂粉···2小勺
- 细砂糖···100g

必备工具
油炸锅／碗／托盘／打蛋器／刮板／万用网筛／糖粉筛／过滤网／烤箱／烤盘／保鲜膜／保鲜袋／温度计

使用的模具
直径9.5cm和3.5cm的圆形模具

所需时间
130分钟

难易度
★★☆

制作甜甜圈面团
（25分钟）

制作甜甜圈面团

1 将高筋面粉与低筋面粉一起过筛备用。

2 在容器内倒入37℃的热水，再加入干酵母，用打蛋器充分搅拌至酵母溶化。

3～4 在步骤1的碗内加入细砂糖、盐、黄油、脱脂奶粉。

5 接着加入蛋液、香草油。

6～7 用叉子从中间向外侧画圆式搅拌，搅拌均匀。

8 稍微成团后，将面团放到操作台上。

9 用刮板刮净粘在碗壁上的面团。

10 取出后的状态。多少还残留点干面粉。

11 在操作台上充分揉面团。

12～14 把面团拉至身前，再揉回去。同时，另一只手拿刮板刮净粘在操作台上的面团，揉至面团软硬一致。

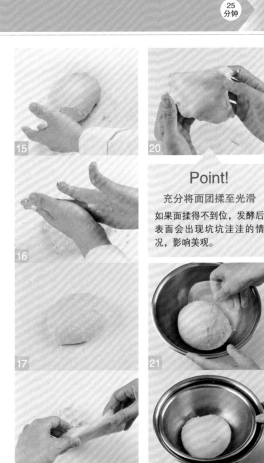

在 37℃ 左右的环境中
发酵约 40 分钟。

Point!

充分将面团揉至光滑

如果面揉得不到位，发酵后表面会出现坑坑洼洼的情况，影响美观。

整形

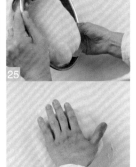

15～16 揉至面团可以拿起来的状态，将粘在手上的面搓净，并将面团向操作台上摔打，之后继续揉。

17 揉约 10 分钟后的状态。

18～19 用双手向上拉拽面团，再叠回去。依次旋转90 度，继续揉约 5 分钟。

20 用刮板取少量面团，用手指抻薄一点。如图所示，揉出手膜，不容易破损即可。

21 将面团放入刷了薄薄一层黄油（另备）的碗内。

22 将步骤 21 放入盛有 37℃热水的大碗中。

23 连同碗一起放入保鲜袋内，放置约 40 分钟。

24 发酵完成后的状态。

25 将面团放到撒满手粉（另备高筋面粉）的操作台上。

26 用手按压面团，压成四边形，排出空气。

27～29 用擀面杖将面团擀开。

30 将面团擀成能压出 9 个直径 9.5cm 圆形的大小。

31 在托盘内装入低筋面粉（另备），让圆形模具沾上面粉。这样压面团时，面团就不会粘到模具上。

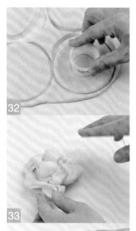

在 37℃左右的环境中发酵约 30 分钟。

筛上砂糖

放入 180℃的油中炸约 8 分钟。

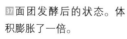

Point!
注意甜甜圈中间的圆孔不要堵上了

面团在油炸时会迅速膨胀，如果中间的孔太小，就容易堵上了。中间孔的直径要达到整体直径的 1/3。

中间孔太小的话，面团就连一起了。

32 将面团先用直径 9.5cm 的模具压成圆形，再在中间用直径 3.5cm 的模具压出圆形，这样就成了圆环状。

33～34 将剩下的面团再揉成团，按照相同的步骤压成甜甜圈的样子。

35 将面团摆在铺着不沾布的烤盘上，套上保鲜袋。

36 将烤箱发酵功能设定为 37℃，发酵约 30 分钟。

37 面团发酵后的状态。体积膨胀了一倍。

38 将甜甜圈面团放入 180℃ 的热油（另备）里炸。

39 一面炸至金黄色后翻面，炸约 8 分钟，让整个甜甜圈均匀上色。

40～42 用过滤网上下晃动捞出甜甜圈，斜着摆放在铺着滤油架的托盘内，沥干油。炸制过程中，甜甜圈会浮在油上，很难炸透中间部分，所以中途需轻轻按压甜甜圈。

43～44 将肉桂粉与细砂糖混合过筛至托盘中，做成肉桂糖。

45 将一半沥油后的甜甜圈趁热沾上步骤 44 的肉桂糖。

46 另取一个托盘放入细砂糖（另备），趁热沾满剩下的甜甜圈。

Churros

吉事果

源自西班牙的油炸小食，外面酥脆、里面软嫩。

Churros

吉事果

材料（约 10 个吉事果）

吉事果的材料
- 高筋面粉…30g
- 低筋面粉…30g
- 牛奶…130mL
- 黄油…15g
- 盐…1 小撮
- 鸡蛋…50g（1 个）

装饰材料
- 黑芝麻…适量
- 黑砂糖…适量
- 抹茶糖
  - 抹茶粉…1 小勺
  - 细砂糖…60g

必备工具

锅 / 油炸锅 / 碗 / 托盘 / 网 / 打蛋器 / 木铲 / 硅胶铲 / 万用网筛 / 夹子 / 烤盘纸 / 抹刀 / 裱花袋 / 星形裱花嘴（直径 1cm）/ 温度计 / 叉子

所需时间
50 分钟

难易度
★★

制作吉事果面糊

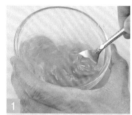

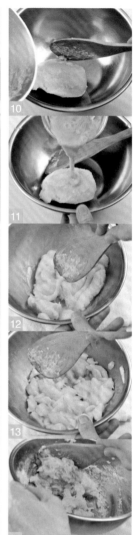

1 用叉子搅打鸡蛋。将低筋面粉与高筋面粉混合后过筛备用。

2 用水沾湿锅底，再倒入牛奶。

3 将黄油和盐加入步骤 2 中，开中火加热。

4 黄油溶化后，关火。最理想的状态是，在牛奶沸腾时恰好黄油彻底溶化。

5 将步骤 1 的粉类加入步骤 4 的锅内。

6～7 用木铲搅拌至没有干面粉。

8 搅成一团后，开中火加热。

9 加热至面团可以团在一起，锅底有一层薄膜，面团出现少许光泽即可。

10 将面团移入碗内。

11 加入 3/4 的蛋液。

12～13 用木铲切拌，充分混合。

14 在面团还有细小块状时，可以将碗倾斜进行大幅度搅拌，直至呈光滑状态。

178

用 180℃的油炸
5 ～ 6 分钟。

Point!
星形裱花嘴
适合制作吉事果

使用星形裱花嘴时，吉事果的表面与油的接触面变大，更容易炸透，炸出来也更漂亮。

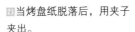

蘸砂糖

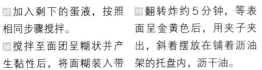

15 加入剩下的蛋液，按照相同步骤搅拌。

16 搅拌至面团呈糊状并产生黏性后，将面糊装入带有星形裱花嘴的裱花袋内。

17 制作长条状的吉事果。在 180℃的油锅内笔直挤入长约 15cm 的面糊。

18 为了保持形状笔直，可以用抹刀整理形状。

19 翻转炸约 5 分钟，等表面呈金黄色后，用夹子夹出，斜着摆放在铺着沥油架的托盘内，沥干油。

20 制作圆形吉事果。将烤盘纸剪成边长 10cm 的正方形，挤上直径 8cm 的圆形坯子。

21 ～ 22 将步骤 20 放入油锅中，烤盘纸朝上。

23 当烤盘纸脱落后，用夹子夹出。

24 炸约 3 分钟后，等表面呈金黄色后，迅速翻面继续炸 3 分钟。

25 两面都呈金黄色后夹出，沥干油。

26 ～ 27 可根据个人喜好先撒上黑芝麻后再放油锅内炸，香味更浓。

28 沥干油后，趁着吉事果的余热可蘸自己喜欢的砂糖吃。将黑砂糖摊放在托盘内，让吉事果表面沾上糖。

29 ～ 30 将抹茶粉与细砂糖混合后做成抹茶糖，再用糖粉筛过筛到托盘内。

31 让吉事果表面沾满抹茶糖。

裱花技巧

一个裱花嘴可以挤出各种花形。

A 圆形	❶用适当力度将奶油挤成直线。 ❷用适当力度将奶油挤成上下波幅一致的波浪形。
B 星形	❶与圆形裱花嘴①相同。用适当力度将奶油挤成直线。 ❷挤出一定量的奶油，竖直提起裱花嘴。保持间隔，按同样方法继续挤奶油。
C 单侧锯齿	❶用适当力度将奶油挤成直线。这样就成了平整的锯齿形。 ❷一边挤奶油，一边双手左右移动，重叠式挤成一条线。

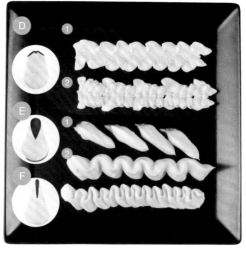

D 叶子形	❶与圆形裱花嘴②相同。用适当力度将奶油挤成上下波幅一致的波浪形。 ❷与单侧锯齿裱花嘴②相同。一边用力挤奶油，一边双手左右移动，重叠式挤成一条线。
E 圣安娜裱花嘴	❶用适当力度从左上往右下挤，然后稍微往回用一下力再断开。 ❷与圆形裱花嘴②相同。用适当力度将奶油挤成上下波幅一致的波浪形。
F 玫瑰裱花嘴	一边挤出奶油，一边上下移动成幅度狭小的直线。

熟悉裱花方法，让你的蛋糕与众不同

　　制作奶油泡芙、装饰蛋糕等都离不开裱花工序。裱花嘴的种类繁多，有用于制作蒙布朗的多孔裱花嘴、可以挤成直线的单侧锯齿裱花嘴等，而且同一个裱花嘴如果用不同挤法还能制作出很多不同的花样。

　　对于初学者来说，准备直径 1cm 的圆形裱花嘴和星形裱花嘴就足够应对各类糕点制作了。

　　最基础的挤法就是用适当力度挤出奶油，挤到最后时迅速提起裱花嘴。可以挤成直线、波浪形或间距一致的点状，最终呈现的效果各有千秋。

　　想让裱花更漂亮，娴熟的手法最重要。可以先在盘子上练习或者先在竹签上挤出草图，这样真正着手裱花时就很少失败了。

松露巧克力

入口即化、后味醇厚，让巧克力爱好者爱不释手。

Chocolate truffes

松露巧克力

材料（约30颗巧克力）

甘纳许的材料
- 黑巧克力…180g
- 鲜奶油…90mL
- 黄油…5g

调温巧克力…300g

装饰材料
- 糖粉…适量
- 可可粉…适量
- 巧克力笔（白色）…适量
- 金箔…适量

必备工具

锅 / 碗 / 打蛋器 / 硅胶铲 / 烤盘纸 / 菜刀 / 案板 / 裱花袋 / 圆形裱花嘴（直径1cm）/ 温度计 / 薄款橡胶手套 / 铁扦子

所需时间

70分钟

难易度

★★☆

※ 不包括发酵巧克力的时间。

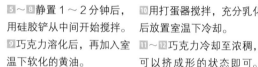

制作甘纳许
（20分钟）

制作甘纳许

Point!
急速冷却会导致鲜奶油分离

如果巧克力用冰水快速冷却至20℃，会导致鲜奶油分离出来。这种情况下，需要再次隔热水加热。

鲜奶油分离的状态。

---

1 将巧克力切碎。切的时候，一只手紧握刀柄，另一只手摁着刀背沿着巧克力一角斜着切。

2 将巧克力碎倒入碗中。

3～**4** 煮沸鲜奶油，并倒入盛有巧克力碎的碗中。

5～**8** 静置1～2分钟后，用硅胶铲从中间开始搅拌。

9 巧克力溶化后，再加入室温下软化的黄油。

10 用打蛋器搅拌，充分乳化后放置室温下冷却。

11～**12** 巧克力冷却至浓稠，可以挤成形的状态即可。条件允许的话，可将巧克力在阴凉处放置一日。

整形

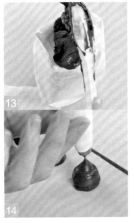

装饰

一定不能挤歪了。

需格外注意双手温度。

Point!

制作甘纳许的
窍门是什么？

挤巧克力时，裱花嘴一定要保持垂直。如果不垂直，就没法挤出漂亮的圆形。把甘纳许团成球状时，如果双手温度太高，巧克力会溶化。因此双手要放入冰水中冷却，一定要用冰手制作。

13 将裱花嘴装在裱花袋上，然后再将步骤 12 的甘纳许装入裱花袋内。

14 烤盘内铺上烤盘纸，均匀地挤上圆弧形甘纳许，每个甘纳许之间都保持一定间隔。如果甘纳许太软不成形，可以放入冰箱中冷藏一下。

15～16 全部挤完后放置 5 分钟。夏天制作时，室内须开空调。

17 用手摸一下，冷却至巧克力不沾手即可。

18～19 双手冷却后，戴上橡胶手套，将甘纳许团成球状。

20～21 参考 P184 将巧克力溶化后，再调温至 32℃前后（薄片法）。放入甘纳许，裹上巧克力。

22～23 趁巧克力还没有凝固时，将 1/3 的巧克力球裹上糖粉、1/3 的巧克力球裹上可可粉。

24～27 最后 1/3 的巧克力球等彻底凝固后，用巧克力笔划出图案，装饰上金箔。

温度是巧克力调温的关键

掌握制作美味巧克力糕点不可缺少的调温技巧。

一起挑战薄片调温法！

材料
调温巧克力

将 2/3 巧克力切成 1cm 的小块，剩下的 1/3 切成碎末。先溶化巧克力块，再溶化巧克力碎。

确认调温效果

调温后需要确认巧克力是否产生了均匀的结晶。确认方法就是抹到勺子背上，干燥。如果有颗粒或无法凝固均代表调温失败。

check 50℃ 1

将装着巧克力块的碗放入盛有 50℃ 热水的锅内。
关键点：为了防止热水中的水蒸气进入巧克力，要选用比锅大的碗。

check 50℃ 2

用硅胶铲慢慢搅动，一边加热一边测试温度，加热至 50℃ 后，巧克力开始溶化。
关键点：牛奶巧克力加热至 45℃，白巧克力加热至 43℃。

check 28℃ 3

移开锅，加入 2/3 的巧克力碎。一边搅拌，一边一点点加入剩下的巧克力碎，使温度降至 28℃。
关键点：牛奶巧克力降至 27℃，白巧克力降至 26℃。

check 32℃ 4

锅内放入 34℃ 的热水，将步骤③的碗放入，再次隔水加热。用硅胶铲轻轻搅拌，将温度升至 32℃。
关键点：牛奶巧克力加热至 30℃，白巧克力加热至 29℃。

最简单的调温方法就是随时测量温度

　　巧克力中的可可脂在不同溶化温度、凝固温度下，会形成不同的结晶。如果结晶均匀、光泽度好，就成了一款入口即化的巧克力。相反，如果结晶不均匀、没有光泽，口感会变得干巴巴的。调温就是通过调节温度范围使巧克力产生完美晶体的过程。

　　关于调温方法，除了上面介绍的将巧克力碎放入已溶化的巧克力中降低温度的薄片法之外，还有两种方法：一种是大理石法，即将溶化的巧克力摊平在大理石上降温的方法；另外一种是冷水法，即将已溶化的巧克力再隔冰水降温的方法。

　　需要注意的是，即使是 1℃ 的温差都无法达到结晶均匀的效果，这也是导致巧克力调温失败的原因之一，所以，请务必随时测量温度。

Caramel candy

焦糖糖果

不同温度下带来的味蕾变化，带有手工制作特有的口感与香甜。

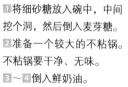

Caramel candy

焦糖糖果

材料（约21颗糖果）

细砂糖…120g
麦芽糖…10g
鲜奶油…200mL
脱脂奶粉…20g
蜂蜜…10g
黄油…20g

必备工具

碗 / 不粘锅 / 硅胶铲 / 长柄勺或圆勺 / 温度计 / 小硅胶铲

使用的模具

硅胶焦糖糖果模具

所需时间

60 分钟

难易度

★★☆

制作焦糖浆
（20分钟）

制作焦糖浆

Point!

1 将细砂糖放入碗中，中间挖个洞，然后倒入麦芽糖。

2 准备一个较大的不粘锅。不粘锅要干净、无味。

3～**4** 倒入鲜奶油。

5～**6** 倒入步骤 **1** 中的麦芽糖、细砂糖。

7～**8** 锅内继续加入脱脂奶粉。

9 加入蜂蜜。

10 刮净粘在容器上的蜂蜜。

11～**12** 用硅胶铲搅拌，等脱脂奶粉全部溶解后，开大火。

Point!	如果液体温度过高，脱脂奶粉不易溶解。

13～**14** 加热至沸腾后，加入黄油，溶化。

186

倒入模具

Point!

煮焦了或煮干了怎么办?

如果过度加热导致煮焦了,会多少带一些苦味,可以加点水搅拌成细滑状态。也可以加点牛奶做成牛奶焦糖。

加入少量水。

用硅胶铲快速搅拌。

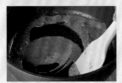

搅拌细滑后倒入模具中。

直接冷却约30分钟。

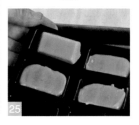

Point!

如何制作软奶糖呢?

如果想制作新鲜的软奶糖,可以将加热至114℃的糖浆倒入模具中。这样奶油味浓厚的软糖就做好了。

100℃时还没有凝固。

软奶糖做好了。

15～18 用硅胶铲沿着锅底翻拌,熬煮。
19 图片是加热至沸腾的状态。中途需测量温度,加热至100℃后,再稍微加热一下。

20～21 大幅度搅拌,加热至114℃,注意不要煮煳了。如果火力太大,可以调小一点。

22 加热至114℃后,再加热几分钟就会开始产生香味了,等加到117℃后关火。

23～24 将焦糖糖浆倒入硅胶材质的模具中。趁热用小硅胶铲整理一下形状。
25 约30分钟后,等焦糖凝固了再脱模。如果没有焦糖模具,可以用四边形的模具定型,再分切成小块。

焦糖的温度变化

加热温度不同，口味和口感也会不同

3 种焦糖糖果

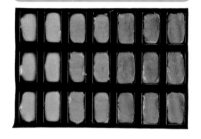

软糖 — **117℃**

一般焦糖糖果指的就是这种软糖，呈浅茶色。平时在阴凉处保存，夏天要放入冰箱冷藏。保质期在 3 周左右。

温度升至 117℃后，立即离火。

焦糖糖浆 — **110℃**

焦糖糖浆在低于 110℃时，不会凝固。适合淋到冰激凌或水果上食用。

125℃ — **硬糖**

质地较硬、深茶色。室温下不会溶化。密封阴凉处保存。保质期在 4 周左右。

糖浆温度升至 125℃后，立即离火。

114℃ — **鲜糖**

浅黄色、入口即化。易溶化，要放入冰箱冷藏保存。保质期只有 2 周左右。

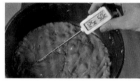

温度升至 114℃后，立即离火。

焦糖的形态之所以会随温度而变化，是因为砂糖的变化

　　熬煮焦糖时，随着温度上升，焦糖的形态也发生变化。因为焦糖中含有大量砂糖，经过高温加热的砂糖会变得更黏稠。随着温度上升，焦糖会变成黏性不同的形态：焦糖汁→焦糖浆→鲜焦糖→焦糖。

　　要想制作出硬度满意的焦糖，需要严格测量温度。尤其是制作鲜焦糖时，温度低了不凝固，温度高了就没有入口即化的口感了。为了达到理想的入口即化的口感，须将焦糖熬至一定浓度后，仔细确认温度。此外，制作过程中随着温度持续上升，测温速度要快。建议选用显示更直观、测量更精准的电子温度计。

Soufflé glacé

舒芙蕾冻糕

这是一款颇受人们喜爱的冷甜点。奶油口感轻盈，后味却很浓厚。

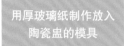

Soufflé glacé

舒芙蕾冻糕

材料（3个舒芙蕾冻糕）

舒芙蕾的材料
- 蛋黄…150g（3个）
- 细砂糖…70g
- 葡萄柚果汁…120mL
- 鲜奶油…200mL

装饰材料
- 葡萄柚…1个
- 冻干树莓…适量
- 糖粉…适量

必备工具
锅 / 碗 / 打蛋器 / 电动打蛋器 / 硅胶铲 / 糖粉筛 / 长柄勺或圆勺 / 尺子 / 剪刀 / 烤箱厚玻璃纸 / 透明胶带 / 菜刀 / 案板 / 温度计 / 擦菜板 / 叉子 / 抹布

使用的模具
直径 7cm 的陶瓷盅

所需时间
160 分钟

难易度
★★

用厚玻璃纸制作放入陶瓷盅的模具

制作舒芙蕾

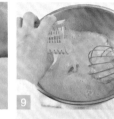

1 用尺子测量陶瓷盅的高度。
2 按照陶瓷盅的高度 + 3cm、周长 + 3cm 的尺寸裁剪厚玻璃纸。
3 在玻璃纸的一侧贴上透明胶带。
4 将玻璃纸卷成筒状放入陶瓷盅内。

5 用透明胶带固定玻璃纸。
6～7 将材料中的葡萄柚果汁熬煮至 50mL。
8 在碗内放入蛋黄、细砂糖，用打蛋器搅匀。

9 一边用打蛋器搅拌，一边慢慢加入步骤7，混合均匀。
10 锅内清水煮沸，晾凉至 90℃。
11～13 将步骤9倒入热水中，一边转动碗，一边用打蛋器搅拌，使蛋黄加热至熟透。注意不要让鸡蛋凝固。

装饰

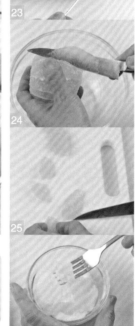

14 将碗放入冰水内冷却。

15～18 制作原味奶油（不加砂糖搅打至8分打发的鲜奶油）。舀一铲奶油放入 14 中，用硅胶铲沿着碗底翻拌。充分搅拌均匀后，再倒回原味奶油中。

19 用硅胶铲沿着碗底翻拌。

20 将面糊倒入步骤 5 的模具中。

21 将陶瓷盅在抹布上轻轻磕碰几下，震平表面。

22 放入冰箱冷冻凝固2小时。

放在冰箱冷冻凝固约2小时。

23 葡萄柚去皮。先用刀切掉葡萄柚两端的果皮露出果肉，再将葡萄柚立在操作台上，用刀沿着果肉画弧线式切掉果皮。

24 用刀分切果肉。

25 去净果肉上的白色薄膜，擦干。

26 放入糖粉里。

27 用擦菜板擦碎冻干树莓。

28 待凝固后，去掉玻璃纸。

29 其中的一个舒芙蕾冻糕装饰上 26 的葡萄柚和薄荷。

30～31 剩下的舒芙蕾冻糕筛上糖粉，再筛上树莓粉。装饰上树莓粒和细叶芹。

巧用各种凝固剂，做出弹性十足的口感

不同的凝固剂，其泡发方式也各不相同

吉利丁

从动物皮、骨头中提取出来的一种胶原蛋白。具有遇热溶化、遇冷凝固的特性。适合制作果冻、慕斯。

吉利丁粉

●泡发方法

将吉利丁粉倒入 4～5 倍的水中。

泡发约 10 分钟，再加热至 60～100℃，直到溶化。

吉利丁片

●泡发方法

放入注满冰水的托盘中，浸泡约 10 分钟。

用手挤干水分。隔热水加热至溶化后再使用。

琼脂

以石花菜、江蓠等海藻类为原料，经浸出、脱水干燥而成。使用时，先用水浸泡，再用热水煮至溶化。适合制作羊羹或豆沙水果凉粉。

果胶

从水果的果肉、果皮中提取出的天然凝固剂。如果直接使用容易结成颗粒，与少量砂糖混合后更易于溶化。适合制作果酱或镜面果胶。

卡拉胶

从杉藻、鹿角菜等海洋红藻中提取的凝固剂。根据其分子构成的特性，有水凝固型和牛奶凝固型。适合制作果冻。

种类丰富的凝固剂造就了不同透明感与爽滑感的甜品

凝固剂还被称为"凝胶剂"，其作用是可以让液体变成半固体。

除了上述常用的动物性的吉利丁，植物性的果胶、琼脂、卡拉胶，市面上还有各种各样用于糕点制作的凝固剂。

其中一种名为"Agar"的凝固剂商品，是用角叉菜胶以及植物来源的增稠剂，如槐豆胶、瓜尔胶，调和而成的。这种增稠剂可以让甜品形状更坚固、透明度更强，可根据实际需要选择相应产品。夏天时可以替代凝固力变弱的吉利丁。

此外，法国开发出一种专门用于制作慕斯的凝固剂，无须溶于水，可以直接使用，做出来的慕斯蓬松细腻。

Panna cotta

意式奶冻

弹润的口感，搭配上酸甜的橙子酱。

Panna cotta

意式奶冻

材料（4 个直径 7cm 的奶冻）

意式奶冻的材料
- 鲜奶油…350mL
- 香草荚…1/6 根
- 细砂糖…60g
- 吉利丁片…3g

橙子酱的材料
- 橙汁…适量
  ※ 橙汁和果肉共 120mL
- 橙子…1 个
- 橘味利口酒…10mL
- 吉利丁片…1g
- 意大利香醋…60mL

必备工具
锅／平底锅／碗／托盘／
硅胶铲／锥形网筛／长柄
勺或圆勺／菜刀／案板／
勺子

使用的模具
直径 7cm 的布丁杯

所需时间
55 分钟

难易度
★★☆

制作意式奶冻

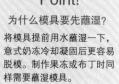

Point!
为什么模具要先蘸湿？
将模具提前用水蘸湿一下，
意式奶冻冷却凝固后更容易
脱模。制作果冻或布丁时同
样需要蘸湿模具。

放入冰箱冷藏凝固
约 30 分钟。

1 将吉利丁片放入冰水中泡发。

2～**3** 将香草荚竖着切开，把香草荚与香草籽都放入锅内。再加入鲜奶油和细砂糖。

4 开中火加热至即将沸腾。

5～**6** 关火，加入挤干水分的吉利丁片，用硅胶铲充分搅拌。

7 用糖粉筛过滤到碗内。通过过滤去除香草荚（保留香草籽）。

8 模具用水蘸湿备用。

9 将碗放入冰水内冷却，用硅胶铲沿着碗边搅拌冷却，注意不要打发。

10～**11** 稍微有些黏稠后，倒入模具中，再摆放到注入冰水的深托盘内。

12 连同托盘一并放入冰箱冷藏凝固约 30 分钟。

制作橙子酱

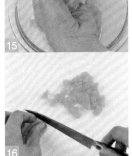

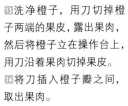

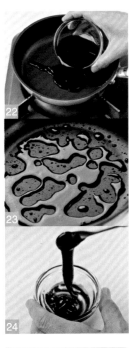

意式奶冻脱模摆盘

13 洗净橙子，用刀切掉橙子两端的果皮，露出果肉，然后将橙子立在操作台上，用刀沿着果肉切掉果皮。

14 将刀插入橙子瓣之间，取出果肉。

15 轻轻挤果肉，挤出果汁。

16 将果肉切成 1cm 的小丁。

17 果肉与果汁分别盛放。将吉利丁片用冰水泡发。

18 将橙汁与步骤 15 挤出的果汁放入锅内煮沸。

19 沸腾后关火，加入泡发的吉利丁片，搅拌至溶化。

20 ～ 21 在步骤 17 的果肉中加入 19 和橘味利口酒，放入冰水中冷却至液体变得黏稠。

22 ～ 23 将意大利香醋倒入平底不粘锅中，熬煮至浓稠。

24 趁热盛入容器中，冷却后会有黏性。

25 将冷却好的意式奶冻取出，连模具一起放入约 60℃ 的热水中加热约 3 秒。

26 ～ 27 将模具倒扣到盘子中间，按压模具上下轻微晃动脱模。

28 再将步骤 21 做好的橙子酱舀入盘子四周。

29 用 24 的意大利香醋酱汁做点缀。

30 如果条件允许，可以装饰上薄荷叶。趁酱汁还没有渗透到奶冻中，尽快食用。

水果的准备工作

保持水果新鲜风味的诀窍。

草莓

用毛刷清理

没法剥皮的水果如果用水清洗，容易损伤果肉，果香味也会受损。可以用毛刷小心清理。

哈密瓜

去籽

为了便于去籽，用小刀沿着瓜籽周围切一下。

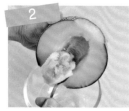

用勺子挖出瓜籽。挖的时候尽量次数少一些，避免渗出果汁。

柑橘类

挤果汁

将水果放在毛巾上，用力滚搓。这样把中间的果实压碎，更便于挤出果汁。

挤好的果汁需要用锥形网筛过滤掉果肉和种子。如果不小心入了果肉，糕点的口感会变差。

食用果皮

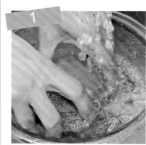

如果需要使用果皮，应该先用毛刷刷净果皮表面上的蜡。

果皮中含有涩味，刷干净的果皮可以浸泡在水中去掉涩味。然后，再用热水焯2～3次。

使用水果制作蛋糕可感受到季节的变换

　　水果可以用来装饰蛋糕，也可以作为馅料，它是蛋糕制作不可或缺的材料之一。水果的形式也是各种各样，有水果罐头、水果干、果酱、果泥等等，不过只有使用新鲜水果才能让蛋糕变得更华丽。草莓与哈密瓜代表春天、橙子与桃代表夏天、梨与巨峰葡萄代表秋天、苹果和橘子代表冬天，选用时令水果更能呈现出季节感。

　　新鲜水果属于娇贵食材，尤其需要注意处理方法。水果的保存方式也很重要。香蕉、哈密瓜应在室温下催熟；草莓为防止受损则须立即放入冰箱保存；桃子一类的水果不宜低温保存，否则风味会变差，可以使用前再冷藏。不同的水果要用与之相适应的处理方法，这样做出的蛋糕才能最大限度地保留水果纯粹的味道。

Jelly

果冻

盛夏必备甜品。咻溜一下滑过喉咙的感觉实在太凉爽了。

牛奶果冻

咖啡欧蕾果冻

焦糖奶冻

咖啡果冻

Cafe au lait jelly

咖啡欧蕾
果冻

材料〔2 人份〕

咖啡欧蕾果冻的材料
- 咖啡粉…1 大勺
- 热水…130mL
- 牛奶…100mL
- 三温糖…20g
- 吉利丁片…3g

装饰材料
- 鲜奶油…50g
- 黑砂糖…1 小勺
- 咖啡豆…2 个

必备工具

锅 / 碗 / 托盘 / 打蛋器 / 硅胶铲 / 锥形网筛 / 长柄勺或圆勺 / 裱花袋 / 裱花嘴（直径 1cm、圆形）/ 手冲咖啡壶 / 滴滤式咖啡壶 / 滤纸

使用的模具

直径 7cm 的布丁杯

所需时间

60 分钟

难易度

★★☆

| 制作果冻（20 分钟） | 20 分钟 | 冷却（30 分钟） | 50 分钟 | 摆盘（10 分钟） | 60 分钟 |

制作果冻

果冻脱模、摆盘

放入冰箱冷藏凝固约 30 分钟。

1 将吉利丁片放入冰水中泡发。

2 参照 P199，萃取咖啡。

3 在萃取的 100mL 咖啡中混入牛奶和三温糖，放入锅中开火稍微加热一下。

4 加入泡发好的吉利丁片。

5 充分溶解吉利丁片。

6 等吉利丁片溶化后用锥形网筛过滤。

7 用长柄勺将咖啡舀入蘸过水的模具中。

8 将模具放入注满冰水的托盘内冷却。然后再一起放入冰箱冷藏凝固。

9 ～ 10 鲜奶油与黑砂糖混合，并搅打至 8 分打发。装入带着裱花嘴的裱花袋内。

11 将布丁模具的四周用热水温一下，翻面脱模。

12 挤上搅打好奶油，装饰上咖啡豆。

咖啡果冻

材料（2人份）

咖啡果冻的材料
- 咖啡粉…4 大勺
- 水…250mL
- 细砂糖…30g
- 琼脂粉…6g

装饰材料
鲜奶油…50mL

必备工具
碗 / 打蛋器 / 硅胶铲 / 长柄勺或圆勺 / 手冲咖啡壶 / 咖啡滤杯 / 滤纸
使用的模具
玻璃杯

所需时间
40 分钟

难易度
★★☆

制作果冻

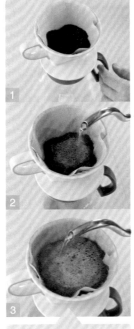

Point!
不要沿着边缘注入热水

冲泡咖啡时，不要沿着滤杯的边缘注入热水，而是注入中间，让咖啡粉膨胀起来。

放入冰箱冷藏凝固约 30 分钟。

1 将滤纸放入咖啡滤杯内，再放入咖啡粉。

2～3 从内到外绕圈式注入热水，萃取咖啡。冲泡时，咖啡粉会冒泡、膨胀。

4～5 将琼脂粉倒入细砂糖中，充分搅拌。

6 准备200mL的咖啡萃取液。

7 将热乎乎的咖啡萃取液倒入碗内，再加入 5 ，搅拌至充分溶解。

8 将碗放入冰水中冷却。用硅胶铲慢慢搅拌散热，注意不要打发。

9 等到开始凝固时，移入玻璃杯中。

10 如果表面有气泡，可以用勺子舀出来。

11 放入冰箱冷藏凝固约30分钟。

12 冷却凝固后，倒入鲜奶油，也可以再装饰上薄荷叶。

Milk jelly
牛奶果冻

材料（2人份）

牛奶果冻的材料
- 牛奶···200mL
- 炼乳···1大勺
- 琼脂粉···2g

装饰材料
- 糖浆
  - 细砂糖···50g
  - 水···100mL
- 香草荚···1/6根
- 杧果···1/2个
- 猕猴桃···1个
- 血橙···1个

必备工具

锅 / 碗 / 托盘 / 打蛋器 /
硅胶铲 / 锥形网筛 / 剪刀
/ 菜刀 / 案板 / 勺子

使用的模具
长 11cm × 宽 9cm × 高
5cm 的方形模具

所需时间
55分钟

难易度
★★☆

制作果冻

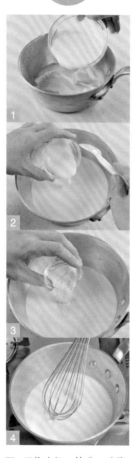

放入冰箱冷藏凝固
约 30 分钟。

1～3将牛奶、炼乳、琼脂粉放入蘸湿的锅中。
4开中火加热，用打蛋器搅拌至沸腾，注意不要打发。

5用硅胶铲轻刮锅底，继续加热 1～2 分钟，轻微沸腾，让材料充分溶解·混合。
6琼脂粉全部溶解后，关火。
7用水蘸湿模具。
8～9将**6**用锥形网筛过滤到**7**的模具内。

10冷却后再放入冰箱冷藏凝固约 30 分钟。琼脂在常温下即可凝固，但冷藏后更美味。
11完全凝固后从冰箱内取出，再用刮板轻轻取出琼脂，注意不要弄碎。
12～13切成 1cm 的小丁。

切装饰用的水果

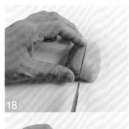

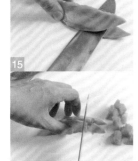

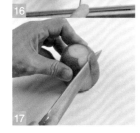

制作糖浆

摆盘装饰

14 柚果去皮，切成月牙状。

15～16 按照15的图片所示，先削皮，再切成1cm的小丁。

17 猕猴桃充分洗净后去蒂，削皮。

18～19 将猕猴桃切成1cm的小丁。

20 将血橙去掉两端的果皮，沿着果肉，削掉果皮。

21 将刀插入橙瓣之间，切下果肉。

22 水果可根据个人喜好选择，但要注意色彩搭配。

23 将香草荚纵向切开，剥出香草籽，一起放入锅中。

24～25 向步骤23内加入细砂糖和水，煮沸后用锥形网筛过滤到碗内。

26 放入冰水中冷却糖浆。

27～28 按照牛奶果冻→水果→牛奶果冻的顺序，将食材放入玻璃杯中。

29 淋上一大勺步骤26的糖浆。

30 如果条件允许，还可装饰上细叶芹。

Caramel jelly

焦糖奶冻

| 制作果冻
（10分钟） | 10
分钟 | 冷却
（30分钟） | 40
分钟 | 摆盘装饰
（5分钟） | 45
分钟 |

材料（2人份）

焦糖果冻的材料
- 水…20mL
- 细砂糖…40g
- 牛奶…200mL
- 吉利丁片…6g

装饰材料
- 焦糖酱（市售）…适量
- 开心果…适量

必备工具

锅 / 碗 / 托盘 / 打蛋器 /
硅胶铲 / 锥形网筛 / 长柄
勺或圆勺 / 菜刀 / 案板 /
勺子

使用的模具
直径 17cm 的碗

所需时间

45分钟

难易度

★★☆

摆盘装饰

制作果冻

放入冰箱冷藏凝固
约 30 分钟。

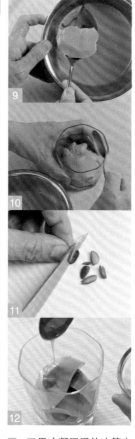

1 用冰水泡发吉利丁片。

2 ～ 3 将水和细砂糖放入锅
内，开大火加热至棕色，
变成焦糖。

4 关火，加入牛奶，小火
煮至焦糖溶化。加入牛奶
时小心四处飞溅。把牛奶
加热后再倒入，就不容易
溅到了。

5 加入用冰水泡发的吉利丁
片，加热至溶化。

6 过筛到碗内。

7 将碗放入冰水中冷却。

8 冷却后，放入冰箱冷藏凝
固约 30 分钟。

9 ～ 10 果冻凝固后从冰箱中
取出，用勺子挖成大块装
入玻璃杯内。

11 将开心果切碎。

12 在果冻上淋上市售的焦糖
酱，再撒上少许开心果碎。

Custard pudding

卡仕达布丁

一款可以品尝到鸡蛋、牛奶、香草最纯真味道的布丁。

材料（8个直径7cm的布丁）

布丁液的材料
- 蛋黄…80g（4个）
- 鸡蛋…100g（2个）
- 细砂糖…90g
- 牛奶…450mL
- 香草荚…1/2根

焦糖酱的材料
- 水…2大勺
- 细砂糖…100g
- 热水…30mL

必备工具
锅 / 碗 / 托盘 / 打蛋器 / 硅胶铲 / 锥形网筛 / 长柄勺或圆勺 / 烤箱 / 烤盘 / 勺子 / 蛋糕刀 / 竹签 / 铝箔纸 / 喷枪

使用的模具
直径7cm的布丁杯

所需时间
90分钟

难易度
★★☆

制作焦糖糖浆
（10分钟）　　制作布丁液
（10分钟）

制作焦糖糖浆

制作布丁液

1～4 在锅内放入水、细砂糖，开火加热。当锅内呈现出如步骤**3** 所示的颜色后，关火。如果余温导致焦糖糖浆的颜色加深，可以加入适量热水。将焦糖糖浆倒入用水蘸湿的布丁模具内，冷却凝固。制作焦糖糖浆时，一定要使用干净的器具。如果掺入油脂等杂质会导致不易上色。

5～8 将4个蛋黄、2个全蛋，逐个打入到小碗，再移入大碗中。用打蛋器搅拌，提起打蛋器，把蛋白搅开。注意不要打发。

9 在碗中加入细砂糖。

※ 开始预热烤箱至160℃。

10 用打蛋器充分搅拌，注意不要打发。

11 然后将牛奶、香草籽加入锅中，加热至即将沸腾。

12～13 将温热的牛奶一点点加入**10** 的碗中，混合均匀。

204

14

Point!

不要过滤掉香草籽

香草籽很容易粘在锥形网筛的网眼里，用硅胶铲碾压到液体内，这样香味会更好。

用硅胶铲碾压过滤。

倒入模具

15

19

16

17

18

放入 160℃的烤箱烤约 25 ～ 30 分钟。

20

Point!

盖上铝箔纸可防止烤焦

中途盖上铝箔纸可以防止布丁烤焦。顺便说一下，如果是上锅蒸，小火蒸约 45 分钟即可。

21

22

放入冰箱冷藏凝固约 30 分钟。

脱模

23

24

Point!

为什么布丁做失败了呢？

布丁没有彻底凝固是因为烤制时间不足。无论是用烤箱烤，还是用蒸锅蒸，都必须加热熟透。

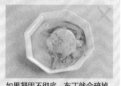

如果凝固不彻底，布丁就会碎掉。

14 用锥形网筛过滤。
15 确认焦糖糖浆凝固后，再用长柄勺将过滤好的布丁液舀入模具中。

16 用勺子轻轻按压表面，压碎气泡。
17 用喷枪稍微烤一下也可以去净气泡。
18 ～ 19 将布丁摆放在有一定深度的托盘内，注满热水。然后一起放入烤箱中，用 160℃烤约 25 ～ 30 分钟。

20 烤制过程中，如果发现上色了，可以盖上一层铝箔纸。
21 出炉，用竹签扎一下，如果没有液体渗出就说明烤好了。注意不要扎到底，否则焦糖酱会渗出来。
22 将布丁放到注入冰水的托盘内，再放入冰箱中冷藏约 30 分钟。

23 充分冷却后，沿着模具边缘插入蛋糕刀。
24 将盘子盖在模具上，然后一起翻面，脱模。

糕点制作用语

1. 面糊
指粉类、鸡蛋、黄油、牛奶、砂糖等多种材料混合均匀，烤制前流动的液体。

2. 涂抹酒糖浆
装饰蛋糕前，会用毛刷往蛋糕切面涂上加入洋酒的糖浆，湿润的蛋糕更具风味。这种涂液体的工序就叫作涂抹酒糖浆。

3. 甘纳许
巧克力与鲜奶油的混合物，根据用途可以调整软硬度。还可以加入洋酒或黄油。

4. 整理纹路
蛋白霜打发后，让每个气泡细腻均匀的工序。制作戚风蛋糕时，蛋白霜最理想的状态是具有光泽且尖角直立。

5. 面筋
小麦中的一种蛋白质。使用面粉制作面团时，面粉与液体混合并经过揉搓会产生弹性，这就是面筋在发挥作用。

6. 涂层
覆盖在糕点表面，让外观更漂亮更奢华的工序之一。通过涂抹镜面果胶或糖衣起到产生光泽、装饰、保护的效果。

7. 调温
将可调温巧克力通过调节温度使其溶化的工序。巧克力调节至32℃时，通常会呈现出有光泽、顺滑的状态。

8. 镜面果胶
由砂糖、麦芽糖、琼脂和水制成。涂抹在水果上可增加光泽度，预防干燥。也可以用果酱和水熬制。

9. 乳化
液体与油脂相融合的状态。制作面糊时，通过乳化可以让烤出来的糕点更松软、口感更好。

10. 松弛
指制作曲奇、塔、派的面团时，将材料混合、擀制后再放入冰箱冷藏一段时间。这样面团中的面筋弹力会变弱，可防止面团收缩，便于擀制。

11. 发酵
指制作甜甜圈等糕点时，加入酵母的面团需要醒发一定时间。酵母中有一种叫作酒化酶的微生物，可以让面团膨胀。

12. 打孔
指烤制派皮、塔皮时，用专用的针车轮或叉子在饼皮底上扎出小孔。这样烤制时会产生空气流通的通道，面皮就不会膨胀起来了。

13. 糖衣
指用砂糖和水熬煮成的白色奶油状物质。涂抹在糕点的表面就会变成糖衣。

14. 起霜现象
当巧克力保存不当或调温失败时，里面的脂肪溶化后会浮至表面，经过冷却凝固就产生了"白霜"。巧克力的口感会变差，风味也受损。

15. 水油分离
指混合材料时无法融合的状态。例如，奶油过度打发时、黄油加热时都可能会出现水油分离的情况。

16. 果胶
一种从橙子、葡萄柚、柠檬等水果的果肉和果皮中提取出来的天然凝固剂。常用于制作果酱或镜面果胶。

17. 蛋白霜
蛋白与砂糖混合并打发后的物质。也指用蛋白霜烤制而成的蛋白霜糖。戚风蛋糕或慕斯蛋糕蓬松的口感就是因为添加了蛋白霜。

18. 浓稠状
制作海绵蛋糕时，打发鸡蛋和砂糖时的理想状态。将打蛋器提起时，可以用蛋液写字。

19. 隔水加热
指将碗放入盛热水的锅内间接加热的工序。一般用于溶化黄油、巧克力。

20. 隔水烘焙
用烤箱烘烤糕点时，在托盘内注入热水，隔热水烤制。适合制作布丁或舒芙蕾蛋糕。

TITLE：［イチバン親切なやさしいお菓子の教科書］

BY：［川上　文代］

Copyright © 2011 Fumiyo Kawakami

Original Japanese language edition published by SHINSEI Publishing Co., Ltd.

All rights reserved. No part of this book may be reproduced in any form without the written permission of the publisher.

Chinese translation rights arranged with SHINSEI Publishing Co., Ltd., Tokyo through NIPPAN IPS Co., Ltd.

本书由日本新星出版社授权北京书中缘图书有限公司出品并由河北科学技术出版社在中国范围内独家出版本书中文简体字版本。

著作权合同登记号：冀图登字 03-2020-108

图书在版编目（CIP）数据

糕点、甜点制作大全 /（日）川上文代著；唐晓艳译 . -- 石家庄：河北科学技术出版社，2021.8

ISBN 978-7-5717-0925-9

Ⅰ.①糕…　Ⅱ.①川…　②唐…　Ⅲ.①甜食—制作　Ⅳ.① TS972.134

中国版本图书馆 CIP 数据核字 (2021) 第 140011 号

糕点、甜点制作大全

［日］川上文代　著　　唐晓艳　译

策划制作：北京书锦缘咨询有限公司（www.booklink.com.cn）
总 策 划：陈　庆
策　　划：宁月玲
责任编辑：刘建鑫　原　芳
设计制作：刘岩松

出版发行　河北科学技术出版社
地　　址　石家庄市友谊北大街 330 号（邮编：050061）
印　　刷　和谐彩艺印刷科技（北京）有限公司
经　　销　全国新华书店
成品尺寸　170mm×240mm
印　　张　13
字　　数　207 千字
版　　次　2021 年 8 月第 1 版
　　　　　　2021 年 8 月第 1 次印刷
定　　价　68.00 元